电工电子实验及测量实训指导书

主 编 单晓红 俞 华

电子工业出版社·

Publishing House of Electronics Industry

北京·BEIJING

内 容 简 介

全书共分四篇。第一篇常用仪器仪表的基础知识，包含电工电子常用仪器仪表的认识、选择、使用和维护及仪表测量误差分析等；第二篇电工基础实验，共 15 个实验；第三篇电子基础实验，共 14 个实验；第四篇电工电子测量实训，共 9 个实验。

本书编写是以"电工基础"、"电子技术"等课程基本要求为依据，集成了电工电子实用的实验项目及实验设备使用操作训练，指导学生掌握电工及电子技术的实验实训技能，为后续核心专业技能的学习打下良好基础。

本书是高职高专实验实训教学用书，也可供中等职业学校实验教学使用，同时可作为从事电气电子技术工作的工程技术人员进修学习的参考资料。

图书在版编目（CIP）数据

电工电子实验及测量实训指导书 / 单晓红，俞华主编. —北京：电子工业出版社，2014.6
ISBN 978-7-121-23072-1

Ⅰ. ①电… Ⅱ. ①单… ②俞… Ⅲ. ①电工试验②电子技术－实验③电子测量技术 Ⅳ. ①TM②TN-33

中国版本图书馆 CIP 数据核字（2014）第 081891 号

策划编辑： 祁玉芹
责任编辑： 鄂卫华
印　　刷： 中国电影出版社印刷厂
装　　订： 中国电影出版社印刷厂
出版发行： 电子工业出版社
　　　　　 北京市海淀区万寿路 173 信箱　邮编　100036
开　　本： 787×1092　1/16　印张：12.5　字数：304 千字
版　　次： 2014 年 6 月第 1 版
印　　次： 2023 年 8 月第 11 次印刷
定　　价： 26.00 元

编委会名单

主　编　单晓红　俞　华

编　委　姚旭明　孙　昆　李含霜

　　　　吴　畏　周　旭

主　审　王亚忠

前　　言

　　电工、电子实验是电类及相关专业重要的实践教学环节。为了让学生能够全面地掌握电工基础、电子技术等基础课程的实验技能和方法，本教材将电工、电子实验整合为一体，由多名具有丰富教学实践经验的教师参加编写。

　　本教材以培养技术技能型人才为目标，以强化基础、突出能力、注重实用为原则，指导学生掌握常用仪器仪表的选择、使用和维护，掌握电气接线的基本技能，掌握电工、电子实验的操作技能和方法，提高对电工基础、电子技术课程的兴趣爱好和理论知识的理解，培养学生分析问题、解决问题的能力，培养学生认真、细致、安全的职业素养，培养学生团队合作的精神，为后续核心专业技能的学习奠定良好的基础。

　　本教材实验设备选取通用型，无论是采用分立元件，还是成套电工技术实验装置、电子学综合实验装置进行实验，都能使用本教材。教材内容完整、选用灵活，既可以作为理论课程实验的指导书，又可以作为独立实训课程的实用教材。

　　本教材的内容一共四篇。第一篇常用仪器仪表的基础知识，包含电工、电子常用仪器仪表的认识、选择、使用和维护，仪表测量误差分析等；第二篇电工基础实验，共 15 个实验；第三篇电子基础实验，共 14 个实验；第四篇电工电子测量实训，共 9 个实验。

　　本教材由单晓红、俞华任主编，姚旭明、孙昆任副主编，李含霜、吴畏、周旭参编。姚旭明编写第二篇的实验八、实验九、实验十二、实验十三，俞华编写第三篇实验一至实验十二，孙昆编写第四篇的实验七、实验八、实验九，李含霜编写第一篇的第二节、第三节及第四篇的实验一、实验二，吴畏编写第四篇的实验五、实验六，周旭编写第三篇实验十四、实验十五，其余部分及全教材统稿工作由单晓红完成，王亚忠教授负责全书主审工作，并提出许多宝贵建议。

　　由于编者水平有限，错漏和欠妥之处在所难免，恳请读者提出批评和建议。

编　者
2014.03

目　　录

第一篇　常用仪器仪表的基础知识

第一节　常用的仪器仪表

一、仪器仪表的作用

测量是电工、电子实验和实训中不可缺少的一个重要任务，它的主要任务是借助各种仪器仪表，对电流、电压、电阻、电能、功率、波形等物理量进行测量，以便掌握和了解电气设备的特性、运行情况，检查电气元件的质量情况。由此可见掌握电工电子仪器仪表的使用是十分必要的。

二、仪器仪表的分类

仪表的种类繁多，分类方法各有不同。按照仪表的结构和用途，大体上可以分为以下5类。

（1）指示仪表类：直接从仪表指示的读数确定被测量的大小，有安装式和可携带式两种，如电压表、电流表、功率表等。

（2）比较仪表类：需要在测量工程中将被测量与某一标准量比较后才能确定其大小。如直流电桥、电位差计、标准电阻箱及交流电桥、标准电感、标准电容。

（3）数字式仪表类：直接以数字形式显示测量结果。如数字式万用表、数字频率计等。

（4）记录仪表和示波器类：如示波器、故障记录仪。

（5）扩大量程装置和转换器：如分流器、附加电阻器、电流互感器、电压互感器。

三、指示仪表的分类

尽管仪表种类非常多，但指示仪表是应用最广和最常见的仪表。指示仪表的特点是把被测量电量转换为驱动仪表可动部分的偏转角，根据可动部分的指针在标尺刻度上的位置，直接读出被测量的数值。指示仪表的优点是测量简便、迅速，但易造成测量误差。

常用的指示仪表可以按以下7种方法进行分类。

（1）按仪表的工作原理分类，常用的有电磁式、电动式、磁电式，其他还有感应式、振动式、电热式、热线式、静电式、整流式、光电式、电解式等。

（2）按测量对象的种类分类，有电流表、电压表、功率表、频率表、电阻表、电能表等。

（3）按被测量的种类分类，有直流仪表、交流仪表、交直流两用仪表。

（4）按使用方式分类，有安装式和可携带式仪表。

安装式仪表固定安装在开关板或电气设备的板面上，这种仪表准确度较低，但过载能力强，造价低廉。

可携带式仪表不做固定安装使用，有的可以在室外使用（如万用表、兆欧表），有的在实验室做精密测量和标准表用。这种仪表准确度较高，但过载能力较差，造价昂贵。

（5）按仪表的准确度分类，有 0.1、0.2、0.5、1.0、1.5、2.5、5.0 七个等级。仪表的级别表示仪表的准确度的等级，指仪表测量时可能产生的最大误差占满刻度的百分之几。级别的数字越小，准确度越高。0.1 和 0.2 级仪表用做标准表和校验仪表。0.5、1.0 和 1.5 级仪表用做实验室测量。2.5 和 5.0 仪表用于工程测量，装在配电盘和操作台上。

（6）按使用环境条件分类，有 A、B、C 三组：A 组：工作环境在 0～+400℃，相对湿度 85%以下。B 组：工作环境在-20～+500℃，相对湿度 85%以下。C 组：工作环境在-40～+600℃，相对湿度 98%以下。

（7）按对外界磁场的防御能力分类，有Ⅰ、Ⅱ、Ⅲ、Ⅳ四个等级。

四、仪表符号的意义

仪表盘上标注有各种符号，用来表示仪表的基本技术特性。如仪表的用途、构造、准确度等级、正常工作状态和对使用环境的要求。常用电工仪表的符号如表 1-1-1 和表 1-1-2 所示。

表 1-1-1

名　称	符　号	名　称	符　号
千安	kA	千瓦	kW
安（培）	A	瓦特	W
毫安	mA	兆乏	Mvar
微安	μA	千乏	kvar
千伏	kV	乏	var
伏（特）	V	兆欧	MΩ
毫伏	mV	千欧	kΩ
微伏	μV	欧（姆）	Ω
兆瓦	MW		

表 1-1-2

分　类	符　号	符号意义	分　类	符　号	符号意义
仪表种类	(A)	安培表	准确度等级	1.5	以表尺量限的百分数表示
	(mA)	毫安表		(1.5)	以指示值的百分数表示
	(μA)	微安表	工作原理	⌒—	磁电系仪表
	(V)	电压表		⌇	电磁系仪表
	(mV)	毫伏表		⌒▷	整流系仪表
	(kV)	千伏表		⊙	感应系仪表

分　类	符　号	符号意义	分　类	符　号	符号意义
	(W)	功率表		 ⊖	铁磁电动系仪表
	(kW)	千瓦表		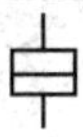 ⊟	电动系仪表
	(MΩ)	兆欧表	绝缘强度	 ☆ 0	不进行绝缘强度试验
	(Ω)	电阻表		 ☆ 2	绝缘强度试验电压为2kV
	(kW·h)	千瓦时表		⊥、↑	仪表垂直放置
	(φ)	相位表	工作位置	∠60°	仪表倾斜60°放置
	(cosφ)	功率因数表		→、⌐	仪表水平放置
	—	直流		+	正端钮
	∼	交流		—	负端钮
电流种类	≃	交直流	端钮	 ↷	调零器
	≋	三相交流		*	公共端

第二节　常用仪表的测量误差

使用电工仪表进行测量时,都会产生程度不同的测量误差。按误差的原因分类,可分为基本误差和附加误差。

一、基本误差

基本误差是指电工仪表在规定的正常工作条件下进行测量时,因仪表本身固有的原因造成的误差。这些误差主要是由于结构设计和制造工艺的不完善而产生的。

影响电工仪表基本误差的主要原因如下：

① 轴和轴承之间的摩擦误差；

② 标尺刻度不精确而产生的误差；

③ 仪表弹簧的永久变形而产生的误差；

④ 内部电磁场引起的误差。

二、附加误差

附加误差是指电工仪表不在规定的正常工作条件下进行测量时，因外界因素的影响而产生的误差。例如周围环境温度过高、过低；电源的波形和频率超出规定的变化范围；外界的电磁场干扰等都产生附加误差。

三、电工仪表误差的几种表达形式

电工仪表误差的表达形式有三种：绝对误差、相对误差、引用误差（也称为单位相对误差）。

（1）绝对误差Δ。指仪表的指示值 A_x 与被测量的实际值 A_0 之差值，即

$$\Delta = A_x - A_0$$

在计算时，可以将标准表的指示值作为被测量的实际值。绝对误差的单位与被测量的单位相同。如没有标准表的情况下，将理论值作为实际值。则绝对误差=测量值-理论值（计算值）。

（2）相对误差 γ。指绝对误差Δ占被测量实际值 A_0 的百分数，即：

$$\gamma = \frac{\Delta}{A_0} \times 100\%$$

相对误差给出了测量误差的明确概念，用它对不同的测量误差进行比较很方便，所以它是一种较为常用的测量误差表示形式。

例如，用两个伏特表分别测量两个电压值，一个电压表在测量 250 V 电压时，绝对误差Δ是 2.5 V；另一个在测量 50 V 电压时，绝对误差Δ是 1 V。从绝对误差看，前者要大于后者，但是，前者对测量值的相对误差是 1%，而后者是 2%，从测量的准确程度来看，显然前者要比后者的小，精确度高。

（3）引用误差 γ_m。引用误差也称为单位相对误差，是指仪表的绝对误差Δ与仪表量程 A_m 比值的百分数，即：

$$\gamma_m = \frac{\Delta}{A_m} \times 100\%$$

（4）电工仪表的准确度等级。

所谓仪表的准确度等级，是指仪表在规定的工作条件下，进行测量时可能出现的最大基本误差与仪表量程的比值的百分数。因此，仪表的准确度等级是由其基本误差的大小决定的。仪表的准确度等级可按下式计算：

$$\pm K = \frac{\Delta_m}{A_m} \times 100\%$$

式中　　$\pm K$——仪表的准确度等级；

　　　　Δ_m——以绝对误差表示的最大基本误差；

　　　　A_m——仪表的量程。

所以，电工仪表的准确度等级，即为仪表在规定的工作条件下使用时，最大引用误差的数值。

第三节 常用仪表的选择

一、仪表的选择

1. 类型的选择

各种仪表的选择除了根据用途选择仪表的种类外，还应该根据使用环境和测量条件选择仪表的类型。如配电盘、开关板上及仪表板上所用的仪表应适合垂直安装的类型，而实验室大多数采用适合水平放置的类型。

2. 准确度的选择

在使用仪表时，必须合理地选择仪表的准确度。虽然测量仪表的准确度越高越好，但不要盲目地追求高准确度。对一般的测量来说，不必使用高准确度的仪表，因为仪表的准确度越高价格越贵，从而使设备成本增加，这是不经济的。而且准确度越高的仪表使用的工作条件要求就越高，如要求恒温、恒湿、无尘等，在不满足工作条件的情况下，测量结果反而不准确，这是不可取的。当然，也不应该使用准确度过低的仪表，以免造成测量数据误差太大。因此，仪表的准确度要根据实际需要确定。

3. 量程的选择

当使用一只仪表时，选择量程恰当与否也会影响测量的准确度。仪表量程的选择应根据测量值的可能范围决定。被测量值范围较小时要选较小量程，这样可以得到较高的准确度，如果选择太大量程，则测量结果误差比较大。下面举例说明选择恰当量程的重要性。

例如，用一只 2.0 级的量程为 0-5-10 A 的电流表测量 4 A 的电流，当用 10 A 的量程测量时，可能的误差为 $10 \times 2\% = 0.2$ A，但当用 5 A 的量程测量时，可能的误差为 $5 \times 2\% = 0.1$ A。显然，对同一只仪表，用小量程比用大量程测量准确度更高。

在选择量程时应尽可能使被测量的值接近满刻度值，同时也要防止超出刻度值而使仪表受损。通常选择量程时应使读数占满刻度的 2/3 以上为宜，至少应使被测量值超过满刻度一半以上。当被测量大小无法估算时，可将多量程仪表先置于最大量程，然后根据仪表的指示值，选择最恰当的量程。

4. 仪表内阻的选择

当仪表接入被测电路后，仪表线圈的电阻值会影响原有电路的参数和工作状态，以至于影响测量的准确性。例如，电流表是串联接入被测电路的，仪表内阻的存在增加了电路的电阻值，也相应地减小了原电路的电流，这势必影响测量结果，所以要求电流表的内阻越小越好。量程越大，内阻应越小。电压表是并联接入被测电路的，仪表内阻的存在减小了电路的电阻值，使被测电路两端的电压发生变化，影响测量结果，所以要求电压表的内阻越大越好。量程越大，内阻应越大。

二、指示仪表测量中应该注意的问题

1. 刻度

各种指示仪表，不论是磁电式、电磁式还是电动式仪表，都采用面板刻度方式显示读数。根据不同的测量原理，面板上的刻度有的是均匀的，有的是不均匀的，如磁电式仪表指针的偏转角 $\alpha = KI$（K 是仪表的结构常数），与电流大小成正比，面板上的刻度是均匀的。而电磁式仪表指针的偏转角 $\alpha = KI^2$（K 是仪表的结构常数），与电流大小平方成正比，在同一量程内，起始段电流越小，刻度越密；电流越大，刻度越稀疏，面板上的刻度是不均匀的。

2. 量程

仪表的量程是指允许测量的最大值，不同的量程有不同的允许测量的最大值，因此应根据被测量的数值选择合理的量程。实验室用的仪表大多数是多量程的仪表，常有多个接线端钮，而指示面板刻度通常只有一种基本刻度，因此测量中要注意量程的选择与对应的接线端钮相一致，当被测量大小无法估算时，可将多量程仪表先置于最大量程端钮预测，然后根据仪表的指示值，选择最恰当的量程。

3. 仪表的机械零位校正

大多数指示仪表设有机械零位校正，校正器的位置通常设在与指针转轴对应的外壳上，当线圈中没有电流时，指针应指在零的位置。如果指针在线圈中没有电流时不在零位，应该调整校正器的旋钮以改变游丝的反作用力矩使指针指向零位。仪表在校正前要注意仪表的放置位置必须与该表规定的位置相符，如果规定位置是水平放置，则不能垂直或倾斜放置，否则指针可能不指向零位，但这不属于零位误差。只有在放置位置正确的前提下再确定是否需要调零，并且保证在整个测量过程中仪表都放置在正确位置，以保证测量的准确性。

4. 连接

测量仪表接入电路时，应尽可能减小对原电路的影响为原则。如电压表应并联在电路上，电流表则串联在电路上，功率表的电流、电压线圈分别按串联、并联接入电路。

仪表与被测量连接至少有两个端钮，每个端钮均应该正确连接。测量直流量时，必须把正负端分辨清楚，"+"端应该与电路正极性端相连接，"−"端应该与电路负极性端相连接，不能反接，以防反偏而打坏指针。测量交流量时则没有严格要求。但测量交流电压时，应注意电路的相线和中性线，从保证仪表和人身安全角度考虑连接方式。虽然原理上一般没有极性的要求，但考虑到屏蔽和安全，通常把仪表的黑端钮（公共端）或"*"端与电路中性线（地线）相连，而把红端钮与电路的相线端相连。

5. 仪表的读数方法

读取仪表指示值应在指针稳定时进行，如果指示不稳定，则应该查明原因，并消除不稳定因素。若是电路原因造成的指针震荡性指示，一般可以读取平均值，若测量需要，应把其振幅量读出（读出指针的摆动范围）。为了得到正确的读数，在精度较高的仪表面板上设立了一个读数面镜，读数时应使视线置于实指针和镜中虚指针相重合的位置再读指示值，以保证读数的正确性，减少读数误差。

（1）电压、电流表测量值等于所选量程除以满偏格数再乘以指针偏转格数。如电压表满格数是 10 格，选择量程是 20 V，指针偏转格数是 6 格，则测量值为 $u = \dfrac{20}{10} \times 6 = 12V$。

（2）功率表测量值等于电压量程乘电流量程乘指针偏转格数乘 $\cos\varphi$ 再除以满偏格数。如功率表满格数是 75 格，电压选择 150 V 量程，电流选择 1A 量程，指针偏转格数是 10 格，$\cos\varphi=1$，则测量值为 $P = \dfrac{150 \times 1}{75} \times 10 \times 1 = 20W$。

6. 测量数据的运算与处理

在读取实验数据时，测量仪表的指针不一定恰好指在表盘刻度线上，这就需要估计读数的最后一位数。这位数字就是所谓存疑数字，如 I=13.1（mA），最后 位数字 1 就是含有误差的存疑数字，其他的为可靠数字。即使是数字仪表，其最后一位数也是存疑数字。

可靠数字和存疑数字就构成了有效数字。有效数字的定义是：一个数据从左边第一个非零数字算起至后面含有误差的一位止，其间所有数码均为有效数字。有效数字的位数表征着近似值的准确程度，有效位数越少，其误差越大，反之，有效位数越多，其误差越小。如 1.1 和 1.10 的有效位数不一样，1.1 中含有误差的数字在小数点后面的"1"上，1.10 中含有误差的数字在小数点后面的"0"上。所以 1.10 比 1.1 准确。

"0"在数字之间或数字末尾均算做有效数字，但"0"在第一个非零数字之前不能算做有效数字。如 3.05 和 3.50 都是三位有效数字，而 0.35 只是两位有效数字。这里 3.50 中的末位数"0"是不能省略的。

采用不同乘幂仅改变数据的单位，而不改变其准确度。如：23mm 和 0.023m 和 23×10^{-3} m，这几个数的有效数字的位数一样多，其准确程度是一样的。而 23m 和 2300mm，有效数字的位数不一样多，其准确程度也是不一样的，显然后者比前者要准确。

实验中进行有效数字运算时，应只保留一位存疑数字，对第二位存疑数字应用四舍五入法。

数据的舍入规则是：若选取 n 位有效数字，则 n+1 位数若大于 5 则入；小于 5 则舍；等于 5 则按偶数原则进行舍入处理，即 n 位数为偶数则舍，为奇数则入；若需要舍去的尾数为两位以上的数字时，不得连续修约。

例如将以下数字取为 4 位有效数字：

123.46→123.5；

123.43→123.4；

123.45→123.4；

123.35→123.4；

123.456→123.4。

有效数字运算时，若是加、减运算，运算结果应保留的小数位数与原来近似值中最少的小数位数相同；乘、除运算时运算结果应保留的有效位数与原近似值中有效位数最少的那个数相同。

三、仪表的维护

各种仪表应在规定的工作条件下使用，既要求仪表的位置正常，周围温度为 20℃，无外界电场和磁场的影响，用于工频的仪表，电源应该是 50Hz 的正弦波。另外还应该满足仪表本身规定的特殊条件，例如恒温、防尘、防震等，以保证测量的准确性。

仪表在使用前应该检查，注意端钮是否裂开，短接片是否可靠连接，外引线有无开断，指针有无卡、涩现象等。仪表应定期进行准确度校验，以保证其测量准确性。仪表不使用时，应在断电条件下存放。如表内有电池时应将电池取出，防止电池漏液而腐蚀机芯。精度越高的仪表，对存放环境的要求也越高。

第四节 常用仪器的使用及维护

一、DGJ—3 型电工技术实验装置

浙江天煌科技实业有限公司生产的电工实验装置，集成了所有电工基础实验及测量实训，综合了国内各类实验装置的特点而设计的产品。实验桌上装置有实验控制屏，并有一个较宽畅的工作台，在实验桌的正前方设有两个抽屉。为了更好地使用这个实验装置，下面就它的各部件做以下说明。

（一）电源控制屏

实验屏为铁质喷塑结构，铝质面板。提供交流电源、高压直流电源、保护装置等。

1. 交流电源的启动

（1）实验屏的左后侧有一根接有三相四芯插头的电源线。先在电源线下方的接线柱上接好机壳的接地线，然后将三相四芯插头接通三相 380 V 交流市电。这时，屏左侧的三相四芯插座即可输出三相 380 V 交流电。必要时，在此插座上可插另一实验装置的电源线插头。但请注意，连同本装置在内，串接的实验装置不能多于三台。

（2）将实验屏左侧面的三相自耦调压器的手柄调至零位,即逆时针旋到底。

（3）将"电压指示切换"开关置于"三相电网输入"侧。

（4）开启钥匙式电源总开关，停止按钮灯亮（红色），三只电压表，（0～450 V）指示出输入三相电源线电压之值，此时，实验屏左侧面单相二芯 220 V 电源插座和右侧面的单相三芯 220 V 处均有相应的交流电压输出。

（5）按下启动按钮（绿色），红色按钮灯灭，绿色按钮灯亮，同时可听到屏内交流接触器的瞬间吸合声，面板上与 U_1、V_1 和 W_1 相对应的黄、绿、红三个 LED 指示灯亮。至此，实验屏电源的启动完毕。

2. 三相可调交流电源输出电压的调节

（1）将三相"电源指示切换"开关置于右侧（三相调压输出），三只电压表指针回到零位。

（2）按顺时针方向缓缓旋转三相自耦调压器的旋转手柄，三只电压表将随之偏转，

即指示出屏上三相可调电压输出端 U、V、W 两两之间的线电压之值，直至调节到某实验内容所需的电压值。实验完毕，将旋柄调回零位。并将"电压指示切换"开关拨至左侧。

3. 用于照明和实验日光灯的使用

本实验屏上有两个 30W 日光灯管，分别供照明和实验使用。照明用的日光灯管通过三刀手动开关进行切换，当开关拨至上方时，照明用的日光灯管亮；当开关拨至下方时，照明灯管灭。实验用日光灯管的四个引脚已独立引至屏上，以供日光灯实验用。

（二）直流稳压电源、恒流源、受控源

1. 低压直流稳压源输出与调节

提供两路 0～30 V/1 A 可调稳压电源，内部分五挡自动切换，具有截止型短路软保护和自动恢复功能，设有三位半数显指示。开启直流稳压电源带灯开关，两路输出插孔均有电压输出。其操作步骤是：

（1）将"指示切换"按键弹起，数字电压表指示第一路输出的电压值；将此按键按下，则电压表指示第二路输出的电压值。此按键不影响电压输出。

（2）调节"输出调节"电位器旋钮可平滑地调节输出电压值。调节范围为 0～30 V（自动换挡），额定电流为 1 A。

（3）两路稳压源既可以单独使用，也可以组合构成 0～±30 V 或 0～±60 V 电源。

（4）两路输出均设有软截止保护功能，但应尽量避免输出短路。

2. 恒流源的输出与调节

提供一路 0～200 mA 连续可调恒流源，分 2 mA、20 mA、200 mA 三挡，最大输出功率 10 W，从 0 mA 调起，配有数字式直流毫安表指示输出电流，具有输出开路、短路保护功能。

（1）将负载接至"恒流输出"两端，开启恒流源开关，数字式毫安表即指示输出电流之值。调节"输出粗调"波段开关和"输出细调"电位器旋钮，可在三个量程段（满度为 2 mA、20 mA 和 200 mA）连续调节输出的恒流电流值。

（2）本恒流源虽有开路保护功能，但不应长期处于输出开路状态。

（3）操作注意事项：当输出口接有负载时，如果需要将"输出粗调"波段开关从低挡向高挡切换，则应将输出"细调旋钮"调至最低（逆时针旋到头），再拨动"输出粗调"开关。否则会使输出电压或电流突增，可能导致负载器件损坏。

3. 受控源的使用

提供电压控制电压源 VCVS、电流控制电压源 CCVS、电压控制电流源 VCCS、电流控制电流源 CCCS、回转器及负阻抗转换器。电源为内部供给（只需开启启动按钮），通过适当的连接（见实验指导书），可获得 CCVS、VCCS 的转换功能。

（三）DGJ—03 型实验挂箱

提供一阶、二阶动态、基尔霍夫定律、叠加原理、戴维南定理、R、L、C 串联谐振等实验项目电路。

（四）DGJ—04 型实验挂箱

提供三相负载电路、30 W 日光灯实验器件、升压铁芯变压器、三个电流表插座等。灯组负载为三个独立的白炽灯组，可连接成 Y 或△两种形式，每个灯组设有三只并联的白炽灯灯座（每个灯组均设有三个开关，控制三个并联支路的通断），可装 60 W 以下的白炽灯 9 只，各灯组均设有电流插座，每个灯组均设有过压保护线路。当电压超过 245 V 时会自动切断电源并报警，避免烧坏灯泡。

（五）DGJ—05 型元器件挂箱

提供实验所需各种外接元器件（如电阻器、发光二极管、稳压管、电容器、电位器及 12 V 白炽灯等），三相高压电容组，还提供十进制可变电阻箱，输出电阻值为 0～99999.9 Ω/1 W。

（六）DGJ—06 型智能功率表、功率因数表挂箱

提供两块多功能智能单相功率表，精度为 0.5 级，电压、电流量程分别为 450 V、5 A，可以测量电路的频率、负载的功率、功率因数、负载的性质等，还可以储存、记录 15 组功率和功率因数的测试结果数据，并可逐组查询。通过两表法测量三相有功功率时，还可直接显示出总功率的值。使用方法如下。

（1）接线：电压输入端与被测对象并联，电流输入端与被测对象串联。

（2）启动电源开关，显示器出现"P"，表明仪表处于正常状态，即初始状态。

（3）"功能"键可选择测试项目。如功率、功率因数及负载性质的判断等。当"功能"键选定测试项目后，再按"确认"键，此时显示器显示的是该测量值。测量单位：电压 V，电流 A，功率 W，频率 Hz，周期 ms。

（七）数字式直流电压、毫安表的使用

（1）提供直流数字电压表一只。直流数字电压表由三位半 A/D 转换器 ICL7107 和四个 LED 共阳极红色数码管等组成，精度为 0.5 级，量程分 200 mV、2 V、20 V、200 V 四挡，由直键开关切换量程。被测电压信号应并接在"0～200 V"，"+"，"−"两个插孔处，使用时要注意选择合适的量程，否则若被测电压值超过所选择挡位的极限值，则该仪表告警指示灯亮。控制屏内蜂鸣器发出告警信号，并使接触器跳开，按下仪表的"复位"按纽，蜂鸣器停止发出声音，重新选择量程或测量值恢复正常后，还必须重新启动控制屏，才能继续实验。

注意：

每次用完毕，要放在最大量程挡 200 V 挡。

（2）提供直流数字毫安表一只。直流毫安表结构特点均类同数字直流电压表，只是这里的测量对象是电流，"+"、"−"两个输入端应串接在被测的电路中；量程分 2 mA、20 mA、200 mA 三挡，三位半显示，精度为 0.5 级，具有超量程报警、指示、切断总电源功能。

（八）指针式交流电流表、电压表的使用

1. 交流电流表

（1）采用带镜面、双刻度线（红、黑）表头（不同的量程读取相应的刻度线），测量范围0～5 A，量程分0.3、1 A、3 A、5 A四挡，直键开关切换，每挡均有超量程告警、指示及切断总电源功能。精度为1.0级。

（2）在实验接线、量程换挡及不需要指示测量时，将"测量/短接"键处于"短接"状态；需要测量时，将"测量/短接"键处于"测量"状态。

（3）仪表量程的选择：按下合适量程的按键，相应挡位的绿色指示灯亮，指针指示出被测量值。

（4）若被测量值超过仪表的量限，则该表告警指示灯亮，控制屏内蜂鸣器发出告警信号，并使接触器跳开。将超量程仪表的"复位"按钮按一下，蜂鸣器停止发出声音，重新选择量程或测量值恢复正常后，必须重新启动控制屏，才可开始实验。

2. 交流电压表

（1）采用带镜面、双刻度线（红、黑）表头（不同的量程读取相应的刻度线），测量范围 0～500 V，量程分为 10 V、30 V、100 V、300 V、500 V 五挡，输入阻抗5～10 kΩ/V，直键开关切换，每挡均有超量程告警、指示及切断总电源功能，精度为1.0级。

（2）仪表量程的选择：按下合适量程的按键，相应挡位的绿色指示灯亮，指针指示出被测量值。

（3）若被测量值超过仪表的量限，则该表告警指示灯亮，控制屏内蜂鸣器发出告警信号，并使接触器跳开。将超量程仪表的"复位"按钮按一下，蜂鸣器停止发出声音，重新选择量程或测量值恢复正常后，必须重新启动控制屏，才可开始实验。

二、DZX—3型电子学综合实验装置

DZX—3 型电子学综合实验装置是集成了"模拟电子技术"、"数字电子技术"而设计的开放型实验。本装置是由实验控制屏与实验桌组成一体，实验桌用于安装实验控制屏，并有一个较宽畅的工作台面，实验桌的正前方设有两个抽屉，右侧可附加一个用以搁置示波器的台面；控制屏是由两块（数电部分和模电部分）功能板组成的，控制屏的两侧均装有交流220 V 的单相三芯电源插座。

（一）两块实验功能板上共同包含的内容

（1）两块实验板上均装有一只电源总开关及一只熔断器（1A）做短路保护用。

（2）两块实验板上共装有980多个高可靠的锁紧式、防转、叠插式插座，它们与集成电路插座、镀银针管以及其他固定器件、线路连接，已设计在印制线路板上。

（3）两块实验板上共装有550多根镀银长紫铜针管插座，供实验时接插小型电位器、电阻器、电容器、三极管及其他电子器件用。

（4）两块实验板上都装有直流稳压电源（±5 V、1 A 不可调及两路0～18 V、0.75 A可调的直流稳压电源）。

（5）两块实验板上均设有可装、卸固定线路实验小板的蓝色固定插座四只。

（二）数电部分（左）面板内容

（1）高性能双列直插式圆脚集成电路插座 17 只（其中 40 P 1 只，28 P 1 只，24 P 1 只，20 P 1 只，16 P 5 只，14 P 6 只，8 P 2 只），40P 锁紧插座 1 只。

（2）6 位十进制七段译码器与 LED 数码显示器。

（3）4 位 BCD 码十进制拨码开关组。

（4）十六位逻辑电平输入。

（5）十六位开关电平输出。

（6）脉冲信号源，提供两路正、负单次脉冲源；频率 1 Hz、1 kHz、20 kHz 附近连续可调的脉冲信号源；频率 0.5 Hz～300 kHz 连续可调的脉冲信号源。

（7）五功能逻辑笔，它是用可编程逻辑器件 GAL 设计而成的，具有显示五种功能的特点。

（8）实验板上还设有报警指示电路（LED 发光二极管指示与声响电路指示各一路），按钮两只，一只 10 kΩ 多圈精密电位器，两只碳膜电位器（100 kΩ 与 1 MΩ 各一只），两只晶振（32768 Hz 和 12 MHz 各一只），电容器两只（0.1 μF 与 0.01 μF 各一只），及音乐片、扬声器、继电器等。

（三）模电部分（右）面板内容

（1）高性能双列直插式圆脚集成电路插座 3 只（其中 14 P 1 只，8 P 2 只）。

（2）装设三端集成稳压器（7805、7812、7912、317 各一只）；晶体三极管（9013 两只，3DG6 三只，9012、8050 各一只）；单向可控硅（2P4M 两只）；双向可控硅（BCR 一只）；二极管（1N4007 四只）；稳压管（2CW54、2DW231 各一只）；功率电阻器（120 Ω/8 W、240 Ω/8 W 各一只）；电容器（220 μF/25 V）、100 μF/250 V 各两只、470 μF/35 V 四只）及整流桥堆等元器件。

（3）装有三只多圈可调的精密电位器（1 kΩ 两只、10 kΩ 一只）；三只碳膜电位器（100 kΩ 两只、1 MΩ 一只）；其他电器如继电器、扬声器（0.25 W，8 Ω）、12 V 信号灯、蜂鸣器、振荡线圈及复位按钮，等等。

（4）满刻度为 1 mA、内阻为 100 Ω 的镜面式直流毫安表一只。

（5）直流数字电压表。

（6）直流数字毫安表。

（7）交流数字毫伏表。

（8）由单独一只降压变压器为实验提供低压交流电源（原边 A.C.50Hz、220 V 交流电源，副边输出 6 V、10 V、14 V 及两路 17 V 低压交流电源）。

（9）直流信号源。

（10）函数信号发生器。

（11）六位数显频率计。

三、DF1731SD2A 型可调式直流稳压源

DF1731SD2A 型可调式直流稳压源如图 1-4-1 所示。

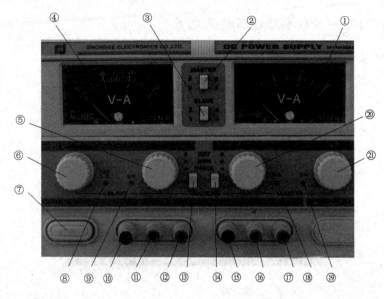

图 1-4-1   DF1731SD2A 型可调式直流稳压源

1．面板各部件的作用

（1）电表或数字表：指示主路①和从路④输出电压、电流值。

（2）主路②、从路③输出指示选择按键。按键弹起显示电压输出值，反之，显示电流值。

（3）主路㉑、从路⑤输出电压调节旋钮。

（4）主路⑳、从路⑥输出电流调节旋钮。

（5）电源开关⑦。当按键置于"ON"时，处于开机状态。反之，处于关的状态（按键弹起）。

（6）⑧、⑱分别为从路和主路处于稳流状态的指示灯。当处于稳流状态时此灯亮。

（7）⑨、⑲分别为从路和主路处于稳压状态的指示灯。当处于稳压状态时此灯亮。

（8）⑫、⑰分别为从路和主路正极接线柱。

（9）⑩、⑮分别为从路和主路负极接线柱。

（10）⑪、⑯分别为从路和主路机外壳接线柱。

（11）⑬、⑭两路电源独立、串联、并联控制按键。

2．两路电源独立使用方法

（1）将⑬和⑭按键分别置于弹起位置。

（2）电源作为稳压源使用时，首先将电流调节旋钮⑥和⑳顺时针调节到最大，电压调节旋钮⑤和㉑逆时针调节到最小，电源线接 220 V 交流电，然后打开电源开关⑦，并顺时针调节电压调节旋钮，使从路和主路输出直流电压至需要的电压值，此时稳压状态指示灯⑨和⑲发光。

（3）使用完毕应将电压调节旋钮逆时针调节到最小，再断电源开关。

（4）作为电压源使用时，接线端⑩和⑫或⑮和⑰之间不能短路。

四、DH1719A—5型单路稳压稳流电源

DH1719A—5型单路稳压稳流电源如图 1-4-2 所示。

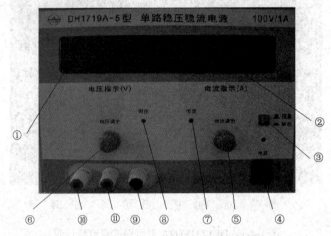

图 1-4-2　DH1719A—5型单路稳压稳流电源

1. 面板各元件的作用

（1）　两块数字表：①为电压数字表显示屏；②为电流数字表显示屏。分别显示电压电流输出值。

（2）　电压、电流调节旋钮分别为⑥和⑤，可调节电压、电流的大小。

（3）　指示灯⑦和⑧分别显示仪器处于何种工作状态，当⑦灯亮时为恒流工作，当⑧灯亮时为恒压工作。

（4）　接线柱⑩、⑨、⑪分别为"＋"极、"－"极和接地的三个接线柱。

（5）　预置按键③，弹起时可预置恒流点及恒压点，按下时可输出需要的电压、电流。

（6）　电源开关④。

2. 稳压电源使用方法

（1）　首先将电源开关至"断"的位置，电流调节旋钮顺时针调节到最大，电压调节旋钮逆时针调节到最小，电源线接 220 V 交流电。

（2）　正、负接线柱分别连接到电路，再将电源开关至"通"的位置，然后，按下输出按键，此时恒压指示灯发光。

（3）　顺时针调节电压调节旋钮调至需要的电压值。

（4）　使用完毕应将电压调节旋钮逆时针调节到最小，弹起输出按键，再断开电源开关。

3. 稳流电源使用方法

（1）　首先将电源开关调至"断"的位置，电压调节旋钮顺时针调节到最大，电流调节旋钮逆时针调节到最小，电源线接 220 V 交流电。

（2）　正、负接线柱分别连接到电路，再将电源开关至"通"的位置，然后，按下输

出按键，此时恒流指示灯发光。

（3） 顺时针调节电流调节旋钮调至需要的电压值。

（4） 使用完毕，应将电压调节旋钮逆时针调节到最小，弹起输出按键，再断开电源开关。

五、数字式万用表使用说明及注意事项

1. 操作板面的说明

（1） 液晶显示器：显示仪表测量的数值及单位。

（2） 功能键。

① POWER 电源开关：开启及关闭电源。

② B/L 背光按键。

③ EBCE 三极管测试插孔。

④ HOLD 峰值保持开关：按下此功能键，将仪表当前所测数的最大值保持在液晶显示器上并出现"PH"符号，再次按下，"PH"符号消失，退出峰值保持功能状态（仅限 VC9808⁺型）HOLD 保持开关：按下此功能键，仪表当前所测数值保持在液晶显示器上并出现"H"符号，再次按下"H"符号消失，退出保持功能状态（仅限 VC9808⁺型）。

⑤ DC/AC 键：选择 DC 和 AC 工作方式。

（3） 旋转开关：用于改变测量功能及量程。

（4） V/Ω/Hz 电压、电阻及频率插座。

（5） COM 公共地。

（6） mA 小于 200 mA 电流测试插座。

（7） 20A 电流测试插座。

2. 电压测量

（1） 将黑表笔插入"COM"插孔，红表笔插入"V/Ω/Hz"插孔。

（2） 将功能开关转至"V"挡，如果被测电压大小未知，选择最大量程，在逐步减小，直至获得分辨率最高的读数。

（3） 测量直流电压时，使"DC/AC"键弹起置 DC 测量方式；测量交流电压时，使"DC/AC"键按下置 AC 测量方式。

（4） 将测试表笔可靠接触试点，屏幕即显示被测电压值；测量直流电压显示时，为红表笔所接的该点电压与极性。

注意：

① 如显示"1"或"OL"，表明已超过量程范围，须将量程开关转至高一挡；

② 测量电压不应超过 1000 V 直流和 750 V 交流，转换功能和量程时，表笔要离开测试点；

③ 当测量高电压时，千万注意避免触及高压电路。

3. 电流测量

（1）将黑表笔插入"COM"插孔，红表笔插入"mA"或"20 A"插孔中。

（2）将功能开关转至"A"挡，如果被测电流大小未知，应选择最大量程，最逐步减小，直至获得分辨率最高的读数。

（3）测量直流电流时，使"DC/AC"键弹起置 DC 测量方式；测量交流电流时，使"DC/AC"键按下置 AC 测量方式。

（4）将仪表的表笔串联接入被测电路上，屏幕即显示被测电流值；测量直流电流显示时，为红表笔所接的该点电流与极性。

注意：

① 如显示"1"或"OL"，表明已超过量程范围，须将量程开关转至高一挡。

② 测量电流时，"mA"孔不应超过 200 mA，"20 A"孔不应超过 20 A（测试时间小于 10 秒）；转换功能和量程时，表笔要离开测试点。

4. 电阻器测量

① 将黑表笔插入"COM"插孔，红表笔插入"V/Ω/Hz"插孔。

② 将量程开关转至相应的电阻量程上，将两表笔跨接在被测电阻器上。

注意：

① 如果电阻值超过所选的量程值，则会显示"1"或"OL"，这时应将开关转至高一挡。

② 当输入端开路时，则显示过载情形。

③ 测量在线电阻器时，要确认被测电路所有电源已关断而所有电容器都已完全放电时，才可进行。

④ 请勿在电阻量程输入电压。

⑤ 当测量电阻值超过 1 MΩ 以上时，读数需几秒才能稳定，这在测量高电阻器时是正常的。

⑥ 数字表电阻挡短接表笔肯定不归 0，使用 200 Ω 挡短接表笔相当于测量表笔引线电阻值，一般表笔引线电阻值测量出来在 0.01～0.03 Ω，不超过 0.3 Ω，则证明数字表电阻挡是好的，如果电阻挡短接表笔测量出来的数值在 10 Ω 以上。说明电源电压 9 V 电池偏低引起该故障或刀盘与电路板接触松动引起该故障，也可能是 A/D 基准电压偏离。

5. 电容器测量

将量程开关置于电容量程上，将测试电容器插入"mA"及"COM"插孔；必要时注意极性。

注意：

① 如被测电容器电容量超过所选量程之最大值，显示器将只显示"1"或"OL"，此时则应将开关转高一挡。

② 在测试电容器之前，屏幕显示可能尚有残留度数，属于正常现象，它不会影响测量

结果。

③ 大电容挡测量严重漏电或击穿电容器时，将显示一数字值且不稳定。

④ 请在测试电容量之前，对电容器充分地放电，以防损坏仪表。

⑤ 严禁在此挡输入电压。

6. 电感器测量

将量程开关置于相应之电感量程上，被测电感器插入"mA"及"COM"插孔。

注意：

① 如被测电感量超过所选量程之最大值，显示器将只显示"1"或"OL"，此时则应将开关转高一挡；

② 同一电感量存在不同阻抗时测得的电感值不同；

③ 在使用 2 mH 量程时，应先将表笔短路，测得引线电感值，然后再在实测中减去比值；

④ 严禁在此挡输入电压。

7. 温度的测量

将量程开关置于"°C"或"°F"量程上，将热电偶传感器的冷端（自由端）负极（黑色插头）插入"mA"插孔中，正极（红色插头）插入"COM"插孔，热电偶的工作端（测温端）置于待测物上面或内部，可直接从显示器上读取温度值，读数为摄氏度或华氏度（仅限 VC9805A$^+$有华氏度功能时）。

注意：

① 当输入端开路时，操作环境高于 18 °C 低于 28°C 时显示环境温度，低于 18 °C 高于 28°C 时显示只供参考。

② 请勿随意更换测温传感器，否则将不能保证测量准确度。

③ 严禁在温度挡插入电压。

8. 频率测量

（1） 将表笔或屏蔽电缆接入"COM"和"V/Ω/Hz"输入端；

（2） 将量程开关转到频率高挡上，将表笔或屏蔽电缆接在信号源上或被测负载上。

注意：

① 输入超过 10 Vrms 时，可以读数，且不保证准确度；

② 在噪声环境下，测量小信号时最好使用屏蔽电缆；

③ 在测量高压电路时，千万不要触及高压电路；

④ 禁止输入超过 250 V 直流或交流峰值的电压，以免损坏仪表；

⑤ VC9808$^+$频率挡自动量程测试，可测量程为 2～10 kHz。

9. 三极管 hFE

（1） 将量程开关置于"hFE"挡；

（2） 决定所测晶体管为 NPN 型或 PNP 型，将发射极、基极、集电极分别插入相应插孔。

10. 二极管及通断测试

（1） 将黑表笔插入"COM"插孔，红表笔插入"V/Ω/Hz"插孔（注意红表笔极性为"+"）；

（2） 将量程开关置"➡⊢"挡，并将表笔连接到待测试二极管，红表笔接触二极管正极，黑表笔接触二极管负极，读数为二极管正向压降的近似值；

（3） 将表笔连接到待测线路的两点，如果内置蜂鸣器发声，则两点之间电阻值约（70±20）Ω。

11. 数据保持

按下保持开关，当前数据就会保持在显示器上；再按一次，保持取消。

注意：

VC9805A$^+$为数据保持；VC9808$^+$为峰值保持。

12. 自动断电

当仪表停止使用（VC9805A$^+$）或开机使用（VC9808$^+$）约（20±10）分钟后，仪表便自动断电进入休眠状态；若要重新启动电源，再按两次"POWER"键，就可重新接通电源。

13. 背光显示

按下"B/L"键，背光灯亮，约 10 分钟后自动关掉。

注意：

背光灯亮时，工作电流增大，会造成电池使用寿命缩短及个别功能测量时误差变大。

第二篇 电工基础实验

实验一 电阻伏安特性的测量

一、实验目的

（1）掌握线性电阻、非线性电阻元件伏安特性的测量方法。

（2）熟悉实验台上各类电源及各类测量仪表的布局和使用方法。

二、实验原理及相关知识

（1）伏安特性曲线。任何一个二端元件的特性，可用该元件上的端电压 U 与通过该元件的电流 I 之间的函数关系 $I = f(U)$ 来表示，即用 $I-U$ 平面上的一条曲线来表征，这条曲线称为该元件的伏安特性曲线。

（2）线性电阻元件。当电阻元件 R 的值不随电压或电流的变化而改变时，则电阻元件 R 两端的电压与流过的电流成正比，这种电阻元件称为线性电阻元件。线性电阻元件是符合欧姆定律的，其伏安特性曲线为一条通过坐标原点的直线，如图 2-1-1（a）所示，该直线的斜率等于该电阻器的电阻值。

（3）非线性电阻元件。如果电阻元件的电阻值不是常数，而是随着所加电压或所通过电流的变化而变化，这种电阻元件称为非线性电阻元件。其伏安特性曲线不是一条过原点的直线。

图 2-1-1（b）为半导体二极管和白炽灯的伏安特性曲线，其中 b 为白炽灯的伏安特性曲线，可以看出此曲线对称于坐标原点，表明钨丝的电阻值与通过电流的方向无关，仅与电流的大小有关，这种特性称为双向性。而半导体二极管特性曲线 a 对坐标原点不对称，表明半导体二极管的电阻值不仅与电流的大小有关，还与通过的电流的方向有关，这种特性称为非双向性。在使用非双向性元件时，要注意其端钮的极性。

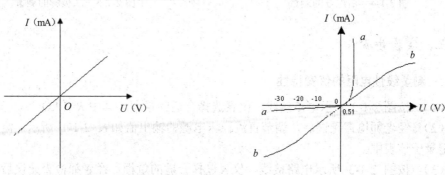

（a）线性电阻元件伏安特性曲线　　　　（b）非线性电阻元件伏安特性曲线

图 2-1-1　电阻元件的伏安特性曲线

三、实验设备

序　号	名　　称	型号与规格	数　量
1	可调直流稳压电源	0～30 V	· 1
3	直流毫安表	0～200 mA 或 0～50 mA	1
4	直流电压表	0～200 V 或 0～600 V	1
5	二极管	1N4007	1
6	白炽灯	12 V /0.1 A 或 25 W /220 V	1
7	固定电阻器或旋转式电阻箱	200　Ω，1 kΩ或 0～99999.9 Ω	1

四、实验电路

电阻伏安特性的测量电路如图 2-1-2～图 2-1-4 所示。

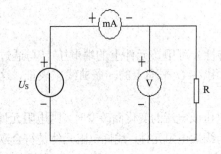

图 2-1-2　电阻器的测量（U_S 为正向）

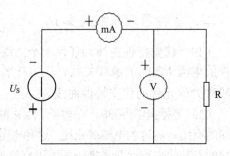

图 2-1-3　电阻器的测量（U_S 为反向）

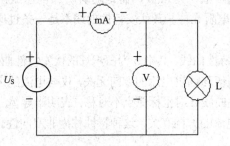

图 2-1-4　白炽灯的测量

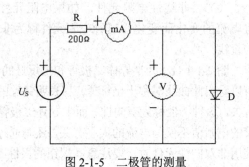

图 2-1-5　二极管的测量

五、实验步骤

1. 测量线性电阻的伏安特性

（1）按图 2-1-2 所示电路接线，仪表选择合适的量程，其中 $R = 1$ kΩ。

（2）经老师检查无误后，调节直流稳压电源的输出值如表 2-1-1 所示，测量相应电流并记录于该表中。

（3）按图 2-1-3 所示电路接线，仪表选择合适的量程，经老师检查无误后，调节直流稳压电源的输出值，如表 2-1-2 所示，测量相应电流并记录于该表中。

2. 测量非线性电阻的伏安特性

（1） 按图 2-1-4 所示电路接线，仪表选择合适的量程，L 为白炽灯（分立元件接 U 相负载）。

（2） 经老师检查后，调节直流稳压电源的输出值，如表 2-1-3 所示，测量相应电流并记录于该表中。

3. 测量半导体二极管的伏安特性

（1） 按图 2-1-5 所示电路接线，仪表选择合适的量程。

（2） 经老师检查后，调节直流稳压电源的输出值，其正向电流不得超过 35 mA，二极管 D 的正向施压 U_{D+} 可在 0～0.75 V 之间取值，然后将测量出相应电流记录于表 2-1-4 中。

表 2-1-1

U_R（V）	0	2	4	6	8	10
I（mA）						

表 2-1-2

U_R（V）	−2	−4	−6	−8	−10
I（mA）					

表 2-1-3

U_L（V）	0.5	1.5	2	3	4	5	6
I（mA）							

表 2-1-4

U_{D+}（V）	0.10	0.30	0.50	0.55	0.60	0.65	0.70	0.73
I（mA）								

六、实验注意事项

（1） 测量二极管的正向特性时，应注意电流表读数不得超过 35 mA。

（2） 使用仪表时，应先估算电压、电流值，合理选择仪表的量程，勿使仪表超量程，仪表的正、负极性不可接错。

（3） 调节稳压电源输出时应由小至大逐渐增加。

七、思考题

（1） 线性电阻与非线性电阻的概念是什么？电阻器与二极管的伏安特性有何区别？

（2） 设某器件伏安特性曲线的函数式为 $I=f(U)$，试问在逐点绘制曲线时，其坐标变量应如何放置？

（3） 为何二极管 D 的正向施压 U_{D+} 可在 0～0.75 V 之间取值？

（4）在图 2-1-4 中，设 $U_S=2\ \text{V}$，$U_{D+}=0.7\ \text{V}$，则电流表读数为多少？

八、实验报告

（1）根据实验结果，总结、归纳被测元器件的特性。
（2）根据实验数据，在一个坐标里绘制各元器件的伏安特性曲线。

实验二 直流电路中电位及电压的测定

一、实验目的

（1）学会用电压表测量电路中电位及电压的方法。
（2）加深对电路中电位的相对性、电压的绝对性的理解。

二、实验原理及相关知识

（1）电路中某点的电位是指该点对参考点的电压。数值上等于电场力将单位正电荷从该点移至参考点所做的功。

（2）电路中两点之间的电位之差就叫电压。数值上等于电场力将单位正电荷从一点移至另一点所做的功。

（3）电位是一个与参考点有关的相对物理量，电压是一个与参考点无关的绝对物理量。

（4）测量电压的方法是将电压表的红表笔接触在电压参考方向的高电位端，黑笔接触在低电位端，若测量值为正，说明电压的参考方向与实际方向一致；若读数为负，说明电压的参考方向与实际方向相反。

（5）测量电位的方法是将电压表的黑表笔接触在电位的参考点上，红表笔接触在被测点上，若测量值为正，说明被测点的电位比参考点的电位高，若读数为负，说明被测点的电位比参考点的电位低。

三、实验设备

序 号	名 称	型号与规格	数 量
1	可调直流稳压电源	0～30 V	1
2	万用表		1
3	固定电阻器或旋转式电阻箱	51 Ω、200 Ω、1 kΩ、6.2 kΩ、10 kΩ 0～99999.9 Ω	各 1 或 5

四、实验电路

测量电位及电压的电路如图 2-2-1 所示。

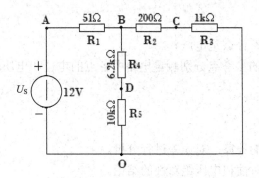

图 2-2-1 测量电位及电压的电路

五、实验步骤

（1）从 DGJ—05 型实验挂箱上找到相应的电阻器。分立元件则将电阻箱调至规定的电阻值。

（2）将稳压源的电压调节旋钮归零，按图 2-2-1 所示电路接线。

（3）经老师检查无误后，启动稳压源电源开关，调节稳压源的输出电压为 12 V（万用表测量）。

（4）按表 2-2-1 的要求测量各电压，记录到表格中。

（5）以 O 点为参考点，分别测量 A、B、C、D、O 各点的电位值；以 D 点为参考点，测量以上各点电位值，记录于表 2-2-2 中。

（6）根据电位的数据，计算各电压值，将数据填入表 2-2-2 中。

表 2-2-1

电 压	U_{AB}	U_{BC}	U_{CD}	U_{BD}	U_{DO}
测量值（V）					

表 2-2-2

参 考 点	U_A（V）	U_B（V）	U_C（V）	U_D（V）	U_O（V）
O 点					
D 点					
计算值（V）	$U_{AB}=$	$U_{BC}=$	$U_{CD}=$	$U_{BD}=$	$U_{DO}=$

六、注意事项

（1）接线时，应关掉电源。

（2）打开电源前，应确保稳压源输出为零。

（3）测量电压、电位时，注意红、黑表笔测量的一致性。如果测量 U_{CD}，则红表笔接 C 端，黑表笔接 D 端。测量电位，则将黑表笔固定在参考点位置，红表笔分别接在各点上。

（4）若用模拟式（指针式）直流电压表测量电压和电位时，若测量值为正，指针正偏；若测量时指针反偏，则应调换表笔后再测量，此时测量值为负。

（1） 什么是电位？什么是电压？

（2） 以两个不同的参考点分别测量电路中各点的电位和电压时，电位值和电压值有何变化？

八、实验报告

（1） 完成表格中的计算，对误差进行分析。

（2） 总结电位相对性和电压绝对性的结论。

实验三　直流电路电压与电流的测量及故障判断

一、实验目的

（1） 通过对电路电压与电流的测量，验证基尔霍夫定律的正确性。

（2） 加深对参考方向的理解。

（3） 学会判断电路中的故障，加深对开路、短路方面知识的理解。

二、实验原理及相关知识

（1） 基尔霍夫定律是电路中最基本的定律。它包括两方面内容：基尔霍夫电流定律（KCL 定律）和基尔霍夫电压定律（KVL 定律）。

（2） KCL 定律的内容：对于电路中任何一个节点，在任何时刻，流过这个节点的电流的代数和等于零，即 $\Sigma I = 0$。

（3） KVL 定律的内容：对于电路中的任一回路，沿回路绕行一周，各元件或各支路上电压降的代数和等于零，即 $\Sigma U = 0$。

（4） 运用上述定律列写方程时，必须先假定各支路电流或电压的正方向，对于 KVL 定律还应选定回路的绕行方向。

三、实验设备

序　号	名　　称	型号与规格	数　量
1	直流可调稳压电源	0～30 V	二路
2	直流数字毫安表	0～200 mA 或 0～50 mA	1
3	万用表		1
4	基尔霍夫定律/叠加原理电路		1
5	旋转式电阻箱	0～99999.9 Ω	5
6	电流表测试头		1
7	电流表测试座		1

四、实验电路

测量直流电路的电压与电流电路如图 2-3-1 所示。

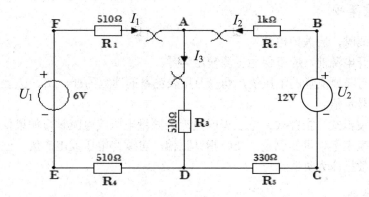

图 2-3-1　测量直流电路的电压与电流电路

五、实验步骤

（1）从 DGJ—03 型实验挂箱上找到"基尔霍夫定律/叠加原理"电路。分立元件将 5 个电阻箱合理放置，调节好相应的电阻值，按图 2-3-1 所示电路接线。

（2）将稳压源的两路电压调节旋钮归零，分别接入 U_1、U_2 中。

（3）经老师检查无误后，启动电源开关，分别调节稳压源的输出 U_1、U_2 为 6 V 和 12 V。测量 I_1、I_2、I_3 的值，记录于表 2-3-1 中，并计算 $\sum I$。

（4）测量各回路的电压并记录在表 2-3-2 中，计算 $\sum U$。

（5）按下某一故障键，测量表 2-3-3 中所列数据，再根据测量结果判断出故障的性质。分立元件不做此项。

表 2-3-1

测量电流	测量值（mA）	计算值（mA）	相对误差
I_1			
I_2			
I_3			
$\sum I=$			

表 2-3-2

测量回路	U_{FA}	U_{AD}	U_{DE}	U_{EF}	$\sum U$	U_{AB}	U_{BC}	U_{CD}	U_{DA}	$\sum U$
测量值（V）										
计算值（V）										
相对误差										

表 2-3-3

测量项目　实验内容	I_1（mA）	I_2（mA）	I_3（mA）	U_{AB}（V）	U_{CD}（V）	U_{AD}（V）	U_{DE}（V）	U_{FA}（V）	判断故障
故障 1									
故障 2									
故障 3									

六、注意事项

（1） 接线时，应关掉电源。

（2） 打开电源前，应确保稳压源输出为零。

（3） 所有需要测量的电压值，均以万用表测量的读数为准，U_1、U_2 也需测量，不应取电源本身的显示值。

（4） 用模拟式（指针式）电压表或电流表测量电压或电流时，如果仪表指针反偏，则必须调换仪表表笔，重新测量，此时指针正偏，可读得电压或电流值，但应注意：电压或电流的所测数据应为负值。

七、思考题

（1） 基尔霍夫定律的内容是什么？

（2） 本实验中毫安表和电压表应选多大量程？

（3） 电路中开路、短路的特点是什么？

八、实验报告

（1） 根据实验数据，验证基尔霍夫定律的正确性。

（2） 分析误差原因。

实验四　电压源与电流源的等效转换

一、实验目的

（1） 掌握电源外特性的测试方法。

（2） 验证电压源与电流源等效转换的条件。

二、实验原理及相关知识

（1） 电源的端电压 U 随输出电流 I 的变化关系就叫电源的外特性或伏安特性。以电流 I 为横坐标，电压 U 为纵坐标绘制出的电压与电流的关系曲线就叫电源的外特性曲线。

（2） 一个直流稳压源在一定的电流范围内，具有很小的内阻，在实际中，常将其视为理想的电压源，即输出电压不随负载电流的变化而变化，如图 2-4-1 中的直线 1。一个直流恒流源在一定的电压范围内，具有很大的内阻，在实际中，常将其视为理想的电流源，其输出电流不随负载电流的变化而变化，即其外特性平行于 U 轴，如图 2-4-2 中的直线 1。

（3） 一个实际电压源，其端电压随负载变化而变化，因为它具有一定的内阻值，其外特性如图 2-4-1 的直线 2。在实验中，可以用一个小电阻值的电阻器与稳压源相串联来模拟实际的电压源。同样，一个实际的电流源，其端电流也随负载变化而变化，其外特性如图 2-4-2 的直线 2。在实验中，可以用一个大电阻值的电阻器与恒流源并联来模拟实际的电流源。

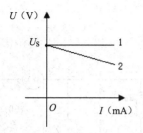

图 2-4-1 直流电压源的外特性（1）

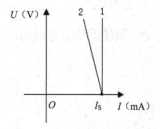

图 2-4-2 直流电流源的外特性（2）

（4）一个实际的电源就其外特性来说，既可以视为电压源，也可以视为电流源。当视为电压源时，可用一个理想的电压源 U_S 与一个电阻器 R_O 相串联的模型表示；当视为电流源时，可用一个理想的电流源 I_S 与一个电阻器 R_i 相并联的模型表示。也就是说在满足一定条件下，两种电源模型可以等效互换。其互换条件是 $U_S = I_S R_i$，$R_i = R_O$。其等效互换电路如图 2-4-3 所示。

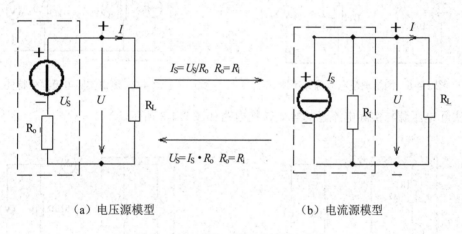

（a）电压源模型　　　　　　　　　　　　（b）电流源模型

图 2-4-3　两种电源模型的等效互换

三、实验设备

序　号	名　　称	型号与规格	数　　量
1	可调直流稳压电源	0～30 V	1
2	可调直流恒流源	0～200 mA 或 0～100 mA	1
3	直流电压表	0～200 V 或 0～600 V	1
4	直流毫安表	0～200 mA 或 0～50 mA	1
5	固定电阻器	200 Ω，51 Ω	
6	滑线变阻器或电位器	1 kΩ	1
7	旋转式电阻箱	0～99999.9 Ω	2

四、实验电路

测量电压源外特性的电路如图 2-4-4～图 2-4-7 所示。

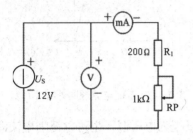

图 2-4-4 测量理想电压源的外特性

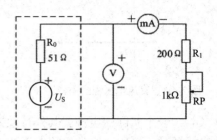

图 2-4-5 测量实际电压源外特性

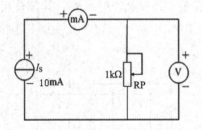

图 2-4-6 测量理想电流源外特性

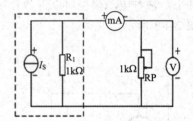

图 2-4-7 测量实际电流源外特性

实际电压源与实际电流源的等效转换电路如图 2-4-8 所示。

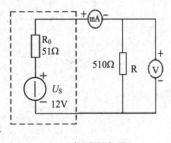

（a）电压源电路

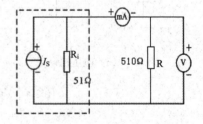

（b）电流源电路

图 2-4-8 实际电压源与实际电流源的等效转换电路

五、实验步骤

1. 测量直流稳压电源与实际电压源的外特性

（1）按图 2-4-4 接线，经老师检查无误后，调节 U_S 使电压表的读数为 12 V，将电位器电阻值从小到大变化，读取 6 组电流、电压值记录于表 2-4-1 中。

（2）按图 2-4-5 接线，经老师检查无误后，调节模拟实际电压源的输出电压为 12 V，然后调节电位器电阻值从小到大变化，读取 6 组电流、电压值记录于表 2-4-2 中。

表 2-4-1

U（V）						
I（mA）						

表 2-4-2

U（V）						
I（mA）						

2. 测量直流恒流源与实际电流源的外特性

（1） 按图 2-4-6 接线，经老师检查无误后，调节电流源 I_S 使电流表的读数为 10 mA，将电位器值从小到大变化，读取 6 组电流、电压值记录于表 2-4-3 中。

（2） 按图 2-4-7 接线，经老师检查无误后，调节模拟实际电流源的输出电流为 10 mA，使电位器电阻值从小到大变化，读取 6 组电流、电压值记录于表 2-4-4 中。

表 2-4-3

U（V）						
I（mA）						

表 2-4-4

U（V）						
I（mA）						

3. 测量电源等效转换的条件

先按图 2-4-8（a）所示电路接线，记录线路中电压表的读数 U、电流表的读数 I、电压源的电压 U_S、电源的电阻值 R_0 于表 2-4-5 中。然后按图 4-8（b）所示电路接线，调节恒流源的输出电流 I_S，使两表的读数与 2-4-8（a）电路中的数值相等，在表 2-4-5 中记录 I_S 的值，用公式 $I_S = U_S / R_0$ 验证等效转换条件的正确性。

表 2-4-5

测量数据					计算数据
U（V）	I（mA）	U_S（V）	R_0（Ω）	I_S（mA）	$I_S = U_S / R_0$

六、注意事项

（1） 在测电压源外特性时，请测空载时的电压值，测电流源外特性时，请测短路时的电流值，注意恒流源负载电压不要超过 20 伏，负载不要开路。

（2） 改接线路时，应在断电情况下进行。

（3） 直流仪表的接入应注意极性与量程。

七、思考题

（1）通常直流稳压电源的输出端不允许短路，直流恒流源的输出端不允许开路，为什么？

（2）电压源与电流源的外特性为什么呈下降变化趋势，稳压源和恒流源的输出在任何负载下是否保持恒值？

八、实验报告

（1）根据测量数据绘制出电源的外特性曲线。

（2）总结各电源的特性及电源等效转换的条件。

实验五　叠加原理的验证

一、实验目的

（1）验证线性电路叠加原理的正确性。

（2）加深对线性电路的叠加性和齐次性的认识和理解。

二、实验原理及相关知识

叠加原理指出：在有多个独立源共同作用下的线性电路中，通过每一个元件的电流或其两端的电压，可以看成是由每一个独立源单独作用时在该元件上所产生的电流或电压的代数和。

线性电路的齐次性是指当激励信号（某独立源的值）增加或减小 K 倍时，电路的响应（即在电路中各电阻元件上所建立的电流和电压值）也将相应地增加或减小 K 倍。

三、实验设备

序　号	名　　称	型号与规格	数　量
1	直流可调稳压电源	0～30 V	二路
2	直流毫安表	0～200 mA 或 0～50 mA	1
3	万用表		1
4	基尔霍夫定律/叠加原理电路		1
5	旋转式电阻箱	0～99999.9 Ω	5
6	电流表测试头		1
7	电流表测试座		1

四、实验电路

叠加原理的验证电路如图 2-5-1～图 2-5-3 所示。

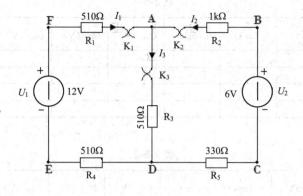

图 2-5-1 验证电路（1）

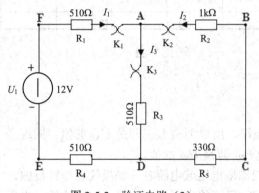

图 2-5-2 验证电路（2）

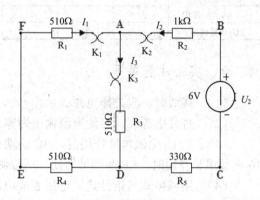

图 2-5-3 验证电路（3）

五、实验步骤

（1）从 DGJ—03 型实验挂箱上找到图 2-5-1 所示的"基尔霍夫定律/叠加原理"电路。分立元件则按图 2-5-1 接线。

（2）将稳压源的两路输出归零，经老师检查无误后，打开稳压电源开关，分别调节稳压源的输出 U_1、U_2 为 12 V 和 6 V。

（3）U_1 单独作用时，K_1、K_2 开关往左投。分立元件则按图 2-5-2 接线。

（4）U_2 单独作用时，K_1、K_2 开关往右投。分立元件则按图 2-5-3 接线。

（5）U_1 和 U_2 共同作用时，K_1、K_2 开关分别投到 U_1、U_2 位置。

（6）$2U_2$ 单独作用时，K_1、K_2 开关往右投，此时 U_2 的值调节为 12 V。

（7）测量线性电路实验数据时，将开关 K_3 投向 330 Ω侧，按表 2-5-1 所列项目进行测量。

（8）测量非线性电路实验数据时，将开关 K_3 投向 510 Ω侧，按表 2-5-2 所列项目进行测量。

表 2-5-1

实验内容＼测量项目	I_1（mA）	I_2（mA）	I_3（mA）	U_{AB}（V）	U_{CD}（V）	U_{DA}（V）	U_{DE}（V）	U_{FA}（V）
U_1 单独作用								
U_2 单独作用								
U_1、U_2 共同作用								
$2U_2$ 单独作用								

表 2-5-2

实验内容＼测量项目	I_1（mA）	I_2（mA）	I_3（mA）	U_{AB}（V）	U_{CD}（V）	U_{DA}（V）	U_{DE}（V）	U_{FA}（V）
U_1 单独作用								
U_2 单独作用								
U_1、U_2 共同作用								
$2U_2$ 单独作用								

六、实验注意事项

（1）接线时，应关掉电源。

（2）打开电源前，应使电源输出为零。

（3）当 U_1 电源单独作用时，BC 两端被短路，所以测量 U_{AC} 即是 U_{AB} 的值。同理当 U_2 电源单独作用时，EF 两端被短路，所以测量 U_{EA} 即是 U_{FA} 的值。

（4）用模拟式（指针式）电压表或电流表测量电压或电流时，如果仪表指针反偏，则必须调换仪表表笔，重新测量，此时指针正偏，可读得电压或电流值。但应注意：电压或电流的所测数据应为负值。

七、思考题

（1）什么是线性电阻元件？二极管是线性元件吗？

（2）叠加原理的内容是什么？

八、实验报告

（1）根据测量结果，总结线性电路的叠加性与齐次性。

（2）电阻元件所消耗的功率能否用叠加原理计算？

（3）由表 2-5-2 的记录数据，总结出结论。

实验六　有源二端网络等效参数的测定

一、实验目的

（1）掌握测量有源二端网络等效参数的一般方法。

（2） 验证戴维南定理和诺顿定理的正确性。

二、实验原理及相关知识

（1） 任何一个线性含源网络，如果仅研究其中一条支路的电压和电流，则可将电路的其余部分看做是一个有源二端网络（或称为含源一端口网络），如图 2-6-1（a）所示。

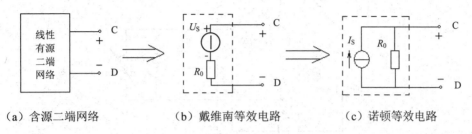

（a）含源二端网络　　　　（b）戴维南等效电路　　　　（c）诺顿等效电路

图 2-6-1　验证有源二端网络电路

（2） 戴维南定理指出：任何一个线性有源二端网络，总可以用一个理想电压源与一个电阻器的串联电路模型来等效代替，如图 2-6-1（b）所示。该理想电压源的电压 U_S 等于这个有源二端网络的开路电压 U_{OC}，其等效内阻 R_0 等于该网络中所有独立源均置零（理想电压源视为短接，理想电流源视为开路）时的等效电阻值。

（3） 诺顿定理指出：任何一个线性有源二端网络，总可以用一个理想电流源与一个电阻器的并联电路模型来等效代替，如图 2-6-1（c）所示。该理想电流源的电流 I_S 等于这个有源二端网络的短路电流 I_{SC}，其等效内阻 R_0 等于该网络中所有独立源均置零（理想电压源视为短接，理想电流源视为开路）时的等效电阻值。

U_{OC}（U_S）和 R_0 或者 I_{SC}（I_S）和 R_0 称为有源二端网络的等效参数。

（4） 有源二端网络等效内阻 R_0 的测量方法如下。

① 开路、短路法测 R_0：在有源二端网络输出端开路时，用电压表直接测其输出端的开路电压 U_{OC}，然后再将其输出端短路，用电流表测其短路电流 I_{sc}，则 $R_0 = \dfrac{U_{OC}}{I_{sc}}$。

如果二端网络的内阻很小，若将其输出端口短路则易损坏其内部元件，不宜用此方法。

② 伏安法测 R_0：将二端网络内所有的电源置零，在端口上加一个外接电源，用电压表测出其外接电源的电压 U，用电流表测出端口处流过的电流 I，则 $R_0 = \dfrac{U}{I}$。

三、实验设备

序　号	名　称	型号与规格	数　量
1	可调直流稳压电源	0～30 V	1
2	可调直流恒流源	0～200 mA 或 0～100 mA	1
3	万用表		1
4	直流毫安表	0～200 mA 或 0～50 mA	1
5	旋转式电阻箱或固定电阻器	0～99999.9 Ω	5
		51 Ω、200 Ω、1 kΩ	各 1
6	戴维南定理/诺顿定理电路		1

四、实验电路

有源二端网络等效参数测定电路如图 2-6-2～图 2-6-4 所示。

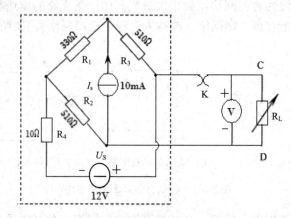

图 2-6-2　线性有源二端网络

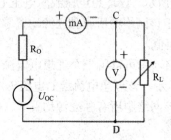

图 2-6-3　戴维南等效电路

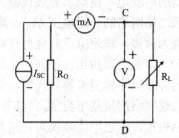

图 2-6-4　诺顿等效电路

五、实验步骤

1. 测量线性有源二端网络在外电路 R_L 上产生的电流和电压

（1）在 DGJ—03 型实验箱上找到图 2-6-2 所示的"戴维南定理/诺顿定理"实验电路，检查电压源和电流源是否归零，将电压源和电流源接入电路。分立元件将 5 个电阻箱合理放置，调节好相应的电阻值，按图 2-6-2 所示电路接线。

（2）经老师检查正确无误后，打开电源开关。

（3）将电压源调至 12 V，电流源调至 10 mA。

（4）在元件箱 DGJ—05 上找到三个 51 Ω、200 Ω、1 kΩ 的电阻元件，把它们作为 R_L 分别接在二端网络的端口 C、D 两端时，测量它们的电流 I_{R_L}、电压 U_{R_L}，记录于表 2-6-1 中。分立元件使用旋转式电阻箱调节即可。

表 2-6-1

R_L（Ω）	51	200	1000
I_{R_L}（mA）			
U_{R_L}（V）			

2. 测量等效电源的参数

（1）用开路电压、短路电流法测定戴维南等效电路的 U_{oc}、R_0 和诺顿等效电路的 I_{SC}、R_0。

图 2-6-2 中断开 C 点，测出开路电压 U_{oc}；再将 C、D 端口短路（K 开关向左投），分立元件则将 R_L 旋转式电阻箱调节置零，测出短路电流 I_{SC} 记录在表 2-6-2 中，并计算出 R_0。

（2）用伏安法测等效电路的电阻值 R_0。

将图 2-6-2 中所有的电源置零（不接电流源和电压源，但要把接电压源的两个端子短接），在端口 C、D 上加一个 9 V 的外接电源，用电压表测出外接电源的电压 U，电流表测出端口处的电流 I，数据记录在表 2-6-2 中，并计算出 R_0。

表 2-6-2

测量方法	测 量 值		计算值 R_0（Ω）
开路、短路法	$U_{oc}=$　　（V）	$I_{SC}=$　　（mA）	
伏安法	$U=$　　（V）	$I=$　　（mA）	

3. 验证戴维南定理

按图 2-6-3 所示电路接线，经老师检查正确后，打开电源开关。根据表 2-6-2 中测量的等效电压源的参数，调整电压源的输出和电阻 R_0 的数值。测量在 R_L 分别为 51 Ω、200 Ω、1 kΩ时的电流、电压值，记录于表 2-6-3 中。分立元件调节电阻箱即可。

表 2-6-3

R_L（Ω）	51	200	1000
I_{RL}（mA）			
U_{RL}（V）			

4. 验证诺顿定理

按图 2-6-4 所示电路接线，经老师检查正确后，打开电源开关。根据表 2-6-2 中测量的等效电流源的参数，调整电流源的输出和电阻 R_0 的数值。测量在 R_L 分别为 51 Ω、200 Ω、1 kΩ时的电流、电压值，记录于表 2-6-4 中。分立元件调节电阻箱即可。

表 2-6-4

R_L（Ω）	51	200	1000
I_{RL}（mA）			
U_{RL}（V）			

六、注意事项

（1）正确的选择仪表的量程，若不能估计仪表的量程应先从最大挡试起。

（2）电压源置零时不可将稳压源短路，电流源置零时不能将电流源开路。

（3）改接线路时，应在断电情况下进行。

七、思考题

（1）戴维南定理和诺顿定理的内容是什么？
（2）什么时候用戴维南定理和诺顿定理研究电路更简单？

八、实验报告

（1）比较开路、短路法测量内阻的优缺点。
（2）分析表 2-6-1、2-6-2、2-6-3 中的数据，总结出结论。

实验七　受控源 VCVS、VCCS、CCVS、CCCS 的研究

一、实验目的

（1）受控源控制系数的测定，进一步理解受控源的物理概念。
（2）加深对受控源的认识和理解。

二、实验原理及相关知识

（1）电源有独立电源（如电池、发电机等）与非独立电源（或称为受控源）之分。

（2）受控源与独立源的不同点是：独立源的电势 E_S 或电流 I_S 是某一固定的数值或是时间的某一函数，它不随电路其余部分的状态变化而变化。而受控源的电势或电流则是随电路中另一支路的电压或电流变化而变化的一种电源。

（3）受控源又与无源元件不同，无源元件两端的电压和它自身的电流有一定的函数关系，而受控源的输出电压或电流则和另一支路（或元件）的电流或电压有某种函数关系。

（4）独立源与无源元件是二端器件，受控源则是四端器件，或称为双口元件。它有一对输入端（U_1、I_1）和一对输出端（U_2、I_2）。输入端可以控制输出端电压或电流的大小。施加于输入端的控制量可以是电压或电流，因而有两种受控电压源（即电压控制电压源 VCVS 和电流控制电压源 CCVS）和两种受控电流源（即电压控制电流源 VCCS 和电流控制电流源 CCCS）。它们的示意图如图 2-7-1 所示。

（5）当受控源的输出电压（或电流）与控制支路的电压（或电流）成正比变化时，则称该受控源是线性的。

（6）理想受控源的控制支路中只有一个独立变量（电压或电流），另一个独立变量等于零，即从输入口看，理想受控源或者是短路（即输入电阻 $R_1=0$，因而 $U_1=0$）或者是开路（即输入电导 $G_1=0$，因而输入电流 $I_1=0$）；从输出口看，理想受控源或是一个理想电压源或者是一个理想电流源。

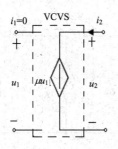

（a）VCVS 受控源

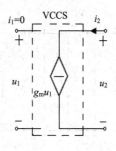

（b）VCCS 受控源

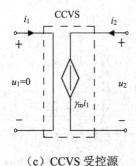

（c）CCVS 受控源

（d）CCCS 受控源

图 2-7-1　四种受控源

（7）受控源的控制端与受控端的关系式称为转移函数。四种受控源的转移函数参量的定义如下。

① 电压控制电压源（VCVS）：$U_2=f(U_1)$，$\mu=U_2/U_1$ 称为转移电压比（或电压增益）。

② 电压控制电流源（VCCS）：$I_2=f(U_1)$，$g_m=I_2/U_1$ 称为转移电导。

③ 电流控制电压源（CCVS）：$U_2=f(I_1)$，$\gamma_m=U_2/I_1$ 称为转移电阻。

④ 电流控制电流源（CCCS）：$I_2=f(I_1)$，$\alpha=I_2/I_1$ 称为转移电流比（或电流增益）。

三、实验设备

序　号	名　　称	型号与规格	数　量
1	可调直流稳压源	0～30 V	1
2	可调恒流源	0～500 mA	1
3	直流电压表	0～200 V	1
4	直流毫安表	0～200 mA	1
5	旋转式电阻箱	0～99999.9 Ω	1
6	受控源实验电路		1

四、实验电路

受控源的确定实验电路如图 2-7-2～图 2-7-5 所示。

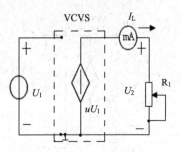

图 2-7-2 电压控制电压源

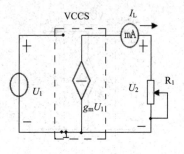

图 2-7-3 电压控制电流源

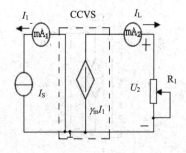

图 2-7-4 电流控制电压源

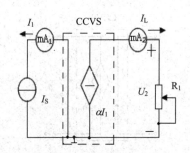

图 2-7-5 电流控制电流源

五、实验步骤

（1）测量受控源 VCVS 的转移特性，实验线路如图 2-7-2 所示。

不接电流表，固定 $R_L = 2\ \text{k}\Omega$，调节稳压电源输出电压 U_1，按表 2-7-1 中的数值，测量相应的 U_2 值，记入表中。并求出转移电压比 μ。

表 2-7-1

U_1（V）	0	2	4	5	6	7	8
U_2（V）							
μ							

（2）测量受控源 VCCS 的转移特性，实验线路如图 2-7-3 所示。

固定 $R_L = 2\ \text{k}\Omega$，调节稳压电源的输出电压 U_1，按 2-7-2 中的数值，测出相应的 I_L 值，并求出转移电导 g_m。

表 2-7-2

U_1（V）	0.1	0.5	1.0	2.0	3.0	3.7	4
I_L（mA）							
g_m							

（3）测量受控源 CCVS 的转移特性，实验线路如图 2-7-4 所示。

固定 $R_L = 2\ \text{k}\Omega$，调节恒流源的输出电流 I_s，按表 2-7-3 中的数值，测出 U_2，并求出转移电阻 γ_m。

表 2-7-3

I_1（mA）	0.1	1.0	3.0	5.0	7.0	8.0	9.0
U_2（V）							
r_m							

（4）测量受控源 CCCS 的转移特性，实验线路如图 2-7-5 所示。

固定 $R_L=1$ kΩ，按表 2-7-4 中的数值调节恒流源的输出电流 I_s，测出 I_L，并求出转移电流比 α。

表 2-7-4

I_1（mA）	0	1	2	3	4	5	6
I_L（mA）							
α							

六、注意事项

（1）每次组装线路，必须事先断开供电电源，但不必关闭电源总开关。

（2）用恒流源供电的实验中，不要使恒流源的负载开路，恒压源短路。

七、思考题

（1）受控源和独立源相比有何异同点？比较四种受控源的代号、电路模型、控制量与被控量的关系如何？

（2）四种受控源中的 γ_m、g_m、α 和 μ 的意义是什么？如何测得？

（3）若受控源控制量的极性反向，试问其输出极性是否发生变化？

八、实验报告

（1）如何由两个基本的 CCVS 和 VCCS 获得其他两个 CCCS 和 VCVS，它们的输入输出如何连接？

（2）受控源的控制特性是否适合于交流信号？

实验八 RC 一阶电路的响应测试

一、实验目的

（1）测定 RC 一阶电路的零输入响应、零状态响应及全响应。

（2）学习电路时间常数的测量方法。

（3）掌握有关微分电路和积分电路的概念。

（4）学会用示波器观测波形。

二、实验原理及相关知识

（1）动态网络的过渡过程是十分短暂的单次变化过程。要用普通示波器观察过渡过程和测量有关的参数，就必须使这种单次变化的过程重复出现。为此，我们利用信号发生器输出的方波来模拟阶跃激励信号，即利用方波输出的上升沿作为零状态响应的正阶跃激励信号；利用方波的下降沿作为零输入响应的负阶跃激励信号。只要选择方波的重复周期远大于电路的时间常数 τ，那么电路在这样的方波序列脉冲信号的激励下，它的响应就和直流电接通与断开的过渡过程是基本相同的。

（2）图 2-8-1（b）所示的 RC 一阶电路的零输入响应和零状态响应分别按指数规律衰减和增长，其变化的快慢决定于电路的时间常数 τ。

（3）时间常数 τ 的测定方法：

用示波器测量零输入响应的波形如图 2-8-1（a）所示。

根据一阶微分方程的求解得知 $u_C = U_m \mathrm{e}^{-t/RC} = U_m \mathrm{e}^{-t/\tau}$。当 $t = \tau$ 时，$U_C(\tau) = 0.368 U_m$。

此时所对应的时间就等于 τ。亦可用零状态响应波形增加到 $0.632 U_m$ 所对应的时间测得，如图 2-8-1（c）所示。

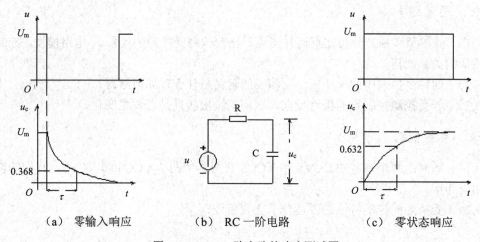

（a）零输入响应　　　（b）RC 一阶电路　　　（c）零状态响应

图 2-8-1　RC 一阶电路的响应测试图

（4）微分电路和积分电路是 RC 一阶电路中较典型的电路，它对电路元件参数和输入信号的周期有着特定的要求。一个简单的 RC 串联电路，在方波序列脉冲的重复激励下，当满足 $\tau = RC \ll \dfrac{T}{2}$ 时（T 为方波脉冲的重复周期），且由 R 两端的电压作为响应输出，则该电路就是一个微分电路。因为此时电路的输出信号电压与输入信号电压的微分成正比，如图 2-8-2（a）所示。利用微分电路可以将方波转变成尖脉冲。

若将图 2-8-2（a）中的 R 与 C 位置调换一下，如图 2-8-2（b）所示，由 C 两端的电压作为响应输出，且当电路的参数满足 $\tau = RC \gg \dfrac{T}{2}$，则该 RC 电路称为积分电路。因为此时电路的输出信号电压与输入信号电压的积分成正比。利用积分电路可以将方波转变成三角波。

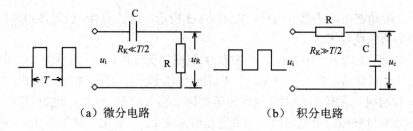

（a）微分电路　　　　　（b）积分电路

图 2-8-2　微分与积分电路

从输入输出波形来看，上述两个电路均起着波形转换的作用，请在实验过程仔细观察与记录。

三、实验设备

序　号	名　　称	型号与规格	数　量
1	函数信号发生器		1
2	双踪示波器		1
3	一阶、二阶动态电路		1

四、实验电路

一阶与二阶动态电路如图 2-8-3 所示。

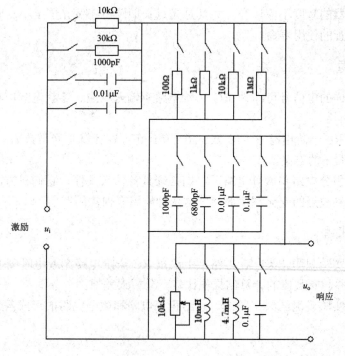

图 2-8-3　一阶、二阶动态电路

五、实验步骤

一阶、二阶动态电路的器件组件，如图 2-8-3 所示，请认清 R、C 元件的布局及其标称值，各开关的通断位置等。

（1）从电路上选 $R=10\ \text{k}\Omega$，$C=6800\ \text{pF}$ 组成如图 2-8-1（b）所示的 RC 充放电电路。u_i 为脉冲信号发生器输出的 $U_m=3\ \text{V}$，$f=1\ \text{kHz}$ 的方波电压信号，并通过两根同轴电缆线，将激励源 u_i 和响应 u_c 的信号分别连至示波器的两个输入口 Y_A 和 Y_B。这时可在示波器的屏幕上观察到激励与响应的变化规律，请测算出时间常数 τ，并用方格纸按 1∶1 的比例描绘波形。少量地改变电容量或电阻值，定性地观察对响应的影响，记录观察到的现象。

（2）令 $R=10\ \text{k}\Omega$，$C=0.1\ \mu\text{F}$，观察并描绘响应的波形，继续增大电容器 C 之值，定性地观察对响应的影响。

（3）令 $C=0.01\ \mu\text{F}$，$R=100\ \Omega$，组成如图 2-8-2（a）所示的微分电路。在同样的方波激励信号（$U_m=3\ \text{V}$，$f=1\ \text{kHz}$）作用下，观测并描绘激励与响应的波形。增减电阻器 R 之值，定性地观察对响应的影响，并作记录。当 R 增至 1MΩ时，观察输入输出波形有何本质上的区别。

六、注意事项

（1）调节电子仪器各旋钮时，动作不要过快、过猛。实验前，需熟读双踪示波器的使用说明书。观察双踪示波器时，要特别注意相应开关、旋钮的操作与调节。

（2）信号源的接地端与示波器的接地端要连在一起（称共地），以防外界干扰而影响测量的准确性。

（3）示波器的辉度不应过亮，尤其是光点长期停留在荧光屏上不动时，应将辉度调暗，以延长示波管的使用寿命。

七、思考题

（1）什么样的电信号可作为 RC 一阶电路零输入响应、零状态响应和全响应的激励源？

（2）已知 RC 一阶电路 $R=10\ \text{k}\Omega$，$C=0.1\ \mu\text{F}$，试计算时间常数 τ，并根据 τ 值的物理意义，拟定测量 τ 的方案。

（3）何谓积分电路和微分电路，它们必须具备什么条件？它们在方波序列脉冲的激励下，其输出信号波形的变化规律如何？这两种电路有何功用？

八、实验报告

（1）根据实验观测结果，在方格纸上绘出 RC 一阶电路充放电时 u_c 的变化曲线，由曲线测得 τ 值，并与参数值的计算结果作比较，分析误差原因。

（2）根据实验观测结果，归纳、总结积分电路和微分电路的形成条件，阐明波形转换的特征。

实验九　二阶动态电路响应的研究

一、实验目的

（1）　测试二阶动态电路的零状态响应和零输入响应，了解电路元件参数对响应的影响。

（2）　观察、分析二阶电路响应的三种状态轨迹及其特点，以加深对二阶电路响应的认识与理解。

二、实验原理及相关知识

一个二阶电路在方波正、负阶跃信号的激励下，可获得零状态与零输入响应，其响应的变化轨迹决定于电路的固有频率。当调节电路的元件参数值，使电路的固有频率分别为负实数、共轭复数及虚数时，可获得单调的衰减、衰减振荡和等幅振荡的响应。在实验中可获得过阻尼、欠阻尼和临界阻尼这三种响应图形。

简单而典型的二阶电路是一个 RLC 串联电路和 RCL 并联电路，这二者之间存在着对偶关系。本实验仅对 RCL 并联电路进行研究。

三、实验设备

序　号	名　　　称	型号与规格	数　　量
1	函数信号发生器		1
2	双踪示波器		1
3	一阶、二阶动态实验电路		1

四、实验电路

RCL 动态实验电路如图 2-9-1 所示。

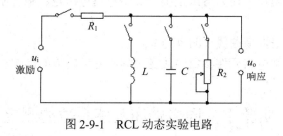

图 2-9-1　RCL 动态实验电路

五、实验步骤

从 DGJ—03 型挂箱中找到一阶、二阶动态实验电路，利用动态电路板中的元件与开关的配合作用，组成如图 2-9-1 所示的 RCL 并联电路。令 $R_1 = 10$ kΩ, $L = 4.7$ mH, $C = 1000$ pF, R_2 为 10 kΩ可调电阻器。令脉冲信号发生器的输出为 $U_m = 1.5$ V, $f = 1$ kHz 的方波脉冲，通过同轴电缆接至图中的激励端,同时用同轴电缆将激励端和响应输出接至双踪示波器的 Y_A 和 Y_B 两个输入口。

（1）调节可变电阻器 R_2 之值,观察二阶电路的零输入响应和零状态响应由过阻尼过渡到临界阻尼,最后过渡到欠阻尼的变化过渡过程,分别定性地描绘、记录响应的典型变化波形。

（2）调节 R_2 使示波器荧光屏上呈现稳定的欠阻尼响应波形,定量测定此时电路的衰减常数 a 和振荡频率 ω_d。

（3）改变一组电路参数,如增减 L 或 C 之值,重复步骤 2 的测量,并做记录。随后仔细观察,改变电路参数时, ω_d 与 a 的变化趋势,并做记录。

表 2-9-1

电路参数\实验次数	元 件 参 数				测 量 值	
	R_1	R_2	L	C	a	ω
1	10 kΩ	调至某一欠阻尼状态	4.7 mH	1000 pF		
2	10 kΩ		4.7 mH	0.01 μF		
3	30 kΩ		4.7 mH	0.01 μF		
4	10 kΩ		10 mH	0.01μF		

六、注意事项

（1）调节 R_2 时,要细心、缓慢,临界阻尼要找准。

（2）观察双踪时,显示要稳定,如不同步,则可采用外同步法触发（看示波器说明）。

七、思考题

（1）根据二阶电路实验电路元件的参数,计算出处于临界阻尼状态的 R_2 之值。

（2）在示波器荧光屏上,如何测得二阶电路零输入响应欠阻尼状态的衰减常数 a 和振荡频率 ω_d？

八、实验报告

（1）根据观测结果,在方格纸上描绘二阶电路过阻尼、临界阻尼和欠阻尼的响应波形。

（2）测算欠阻尼振荡曲线上的 a 与 ω_d。

（3）归纳、总结电路元件参数的改变对响应变化趋势的影响。

实验十　同名端和互感系数的测定

一、实验目的

（1）学会互感电路同名端、互感系数的测定方法。

（2）观察两个线圈相对位置改变以及用不同材料做线圈的导磁介质时对互感现象的影响。

二、实验原理及相关知识

1. 相关的概念

（1）同名端的定义：具有磁耦合的两个线圈，同时将其中通入电流，若它们产生的自感磁通和互感磁通方向一致，则两个线圈的电流"流入"端就叫同名端。用"·"或"＊"表示。

（2）具有磁耦合的两个线圈，自感电势（或电压）与互感电势（或电压）的方向对于同名端一致。根据这个结论，一个线圈中互感电势的方向就可以根据另一个线圈中自感电势的方向来确定。

（3）互感系数的定义：互感磁链与产生互感磁链的电流的比值就叫互感系数。用 M 表示，单位为亨（H）。

$$M_{12} = \frac{\psi_{12}}{i_1} = M_{21} = \frac{\psi_{21}}{i_2} = M$$

（4）互感系数的大小反映了一个线圈在另一个线圈中产生磁链能力的强弱。它与两个线圈的匝数、几何尺寸、周围媒质的性质及两个线圈的相对位置有关。

2. 同名端的测定方法

（1）直流法。直流法判断同名端的电路原理图如图 2-10-1 所示，当开关 S 闭合瞬间，电路中电流增加，所以线圈 1 中自感电势的方向由"2"指向"1"，根据自感电势和互感电势方向对于同名端一致的原理，若毫安表的指针正偏，则可断定"1"、"3"为同名端；指针反偏，则"1"、"4"为同名端。

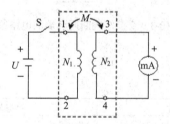

图 2-10-1　直流法判断同名端的电路原理图

（2）线圈的顺反向串联法。将两线圈串联起来，加上交流电压，通过测量电路中电流的大小判断同名端，如图 2-10-2 所示。如果两线圈的异名端相连叫顺向串联，如图 2-10-2（a）所示；如果两线圈的同名端相连叫反向串联，如图 2-10-2（b）所示。因为顺向串联时磁通互相加强，等效阻抗大，电路中的电流小；反向串联时磁通互相削弱，等效阻抗小，电路中的电流大，可以依此判断同名端。

（3）交流法。交流法判断同名端的电路原理图如图 2-10-3 所示，将两个绕组 N_1 和 N_2 的任意两端（如 2、4 端）连在一起，在其中的一个绕组（如 N_1）两端加一个电压，另一绕组（如 N_2）开路，用交流电压表分别测出端电压 U_{13}、U_{12} 和 U_{34}。若 U_{13} 是两个绕组端电压之差，则被连接端子是同名端；若 U_{13} 是两绕组端电压之和，则被连接端子是异名端。

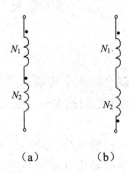

图 2-10-2　线圈的顺反向串联法判断同名端的电路原理图

3. 两线圈互感系数 M 的测定

在图 2-10-3 所示电路中的 N_1 侧施加低压交流电压 U_1，测出 I_1 及 U_2。根据互感电势 E_{2M} $\approx U_2 = \omega M_{12} I_1$，可算得互感系数为 $M_{12} = \dfrac{U_2}{\omega I_1}$；同理在二次侧加交流电压 U_2，测出 I_2 及 U_1，可算得互感系数为 $M_{21} = \dfrac{U_1}{\omega I_2}$。

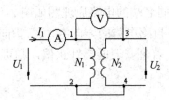

图 2-10-3　交流法判断同名端的电路原理图

三、实验设备

序　号	名　　称	型号与规格	数　量
1	直流毫安表（模拟式万用表）	MF—47 型	1
2	交流电压表	0～500 V	1
3	交流电流表	0～5 A	1
4	空心互感线圈	N_1 为大线圈，N_2 为小线圈	1 对
5	自耦调压器		1
6	直流稳压电源	0～30 V	1
7	电阻器	51 Ω/2 W，510 Ω/2 W	各 1
8	发光二极管		1
9	粗、细铁棒、铝棒		各 1
10	变压器	36 V/220 V	1

四、实验电路

同名端和互感系数的测定实验电路如图 2-10-4～图 2-10-6 所示。

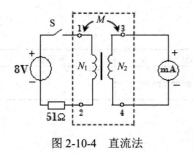

图 2-10-4 直流法

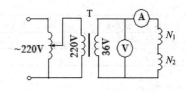

图 2-10-5 顺反向串联法

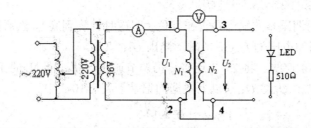

图 2-10-6 交流电压法

五、实验步骤

（一）同名端的测定

1. **直流法**

（1）先将大线圈 N_1 和小线圈 N_2 两线圈的四个接线端子分别编以 1、2、3、4 号。

（2）按图 2-10-4 所示电路接线。

（3）将 N_1、N_2 同心地套在一起，并放入细铁棒。

（4）调直流稳压源的输出为 8 V，N_2 侧的万用表电流量程为 0.5 mA，红表笔接触 3 号端子，黑表笔接触 4 号端子。

（5）合上开关，观察瞬间毫安表的指针摆动方向，记录于表 2-10-1 中。

表 2-10-1

电源正负极所接端子的编号	毫安表正负极所接触端子的编号	开关合上瞬间毫安表示值情况 "+" 或 "−"	判断结果

2. **顺反向串联法**

（1）按图 2-10-5 所示电路接线。

（2）将两线圈的 2、3 端子相连。

（3）将调压器调至零位，然后调节调压器使电压表的读数为 10 V 时，读取电流表的读数。

（4）将调压器调归零，关掉电源。

（5）将两线圈的 2、4 端子相连，同样调节调压器使得电压表的读数为 10 V 时读取电流表的读数。以上数据均记录于表 2-10-2 中。

表 2-10-2

端子连接情况	U（V）	I（A）	判断结果
2、3 端子相连			
2、4 端子相连			

3. 交流电压法

（1）按图 2-10-6 所示电路接线。

（2）将两线圈的 2、4 端子连接。

（3）检查三相调压器的输出是否在零位（即逆时针旋到底）。然后调节调压器使线圈 N_1 的 1、2 端子之间的电压为 $U_{12}=2$ V 时，测出 U_{13}、U_{34}。

（4）拆去 2、4 连线，将 2、3 连接，仍调节调压器使线圈 N_1 的 1、2 端子之间的电压为 $U_{12}=2$ V 时，测出 U_{14}、U_{34}；以上数据均记录于表 2-10-3 中。

表 2-10-3

端子连接情况	测量数据			判断结果
2、4 端子相连	$U_{12}=$ （V）	$U_{34}=$ （V）	$U_{13}=$ （V）	
2、3 端子相连	$U_{12}=$ （V）	$U_{34}=$ （V）	$U_{14}=$ （V）	

（二）互感系数的测定

（1）将图 2-10-6 中 2、3 连线拆除，仍使 $U_1=2$ V，测出 I_1、U_2。

（2）将交流电压加在 N_2 侧，使 N_1 侧开路，调节调压器使加在 N_2 线圈的电压为 $U_2=15$ V，测出 I_2、U_1。以上数据均记录于表 2-10-4 中。

（3）测量完毕将调压器归零，关掉电源。

表 2-10-4

线圈加压情况	测量数据			计算结果
N_1 侧加电压	$U_1=$ （V）	$I_1=$ （A）	$U_2=$ （V）	$M_{12}=$
N_2 侧加电压	$U_1=$ （V）	$I_2=$ （A）	$U_2=$ （V）	$M_{21}=$

（三）观察互感现象

（1）将 LED 发光二极管与 510 Ω 电阻串联后接入图 2-10-6 的 N_2 侧，短路线不接。

（2）保持 $U_1=2$ V。将铁棒慢慢地从两线圈中抽出和插入，观察 LED 亮度的变化及二次侧电压的变化情况，记录于表 2-10-5 中。

（3）改用铁棒替代铝棒，慢慢地从两线圈中抽出和插入，同样观察现象，记录于表 2-10-5 中。

表 2-10-5

测量情况	I_1 的变化情况	U_2 的变化情况	二极管的亮度变化情况
铁棒抽出时			
铁棒插入时			
铝棒抽出时			
铝棒插入时			

六、注意事项

（1）整个实验过程中，注意流过线圈 N_1 的电流不得超过 1.4 A，流过线圈 N_2 的电流不得超过 1 A。

（2）测定同名端及其互感系数的实验时，都应将小线圈 N_2 套在大线圈 N_1 中，并插入铁芯。

（3）做交流试验前，首先要检查自耦调压器，要保证手柄置在"零"位。因实验时加在 N_1 上的电压只有 2~3 V 左右，因此调节时要特别小心，要随时观察电流表的读数，不得超过规定值。

七、思考题

（1）什么是磁耦合线圈？

（2）什么是磁耦合线圈的同名端？

（3）什么是互感系数？

（4）具有磁耦合的线圈，当一个线圈中通入交流电流时，在另一个线圈中产生的电压与电流之间的关系是什么？

八、实验报告

（1）完成表格中判断和计算的内容。

（2）根据实验数据，写出互感系数的计算过程。

（3）解释实验中观察到的互感现象。

实验十一　交流元件参数的测定

一、实验目的

（1）学会用交流电压表、交流电流表和功率表测量交流元件参数的方法。

（2）加深正弦交流电路中 R、L、C 元件参数的计算。

二、实验原理及相关知识

（1）正弦交流电路中的元件参数 R、L 和 C，可以用交流电压表、交流电流表及功率表分别测量出元件上的电压 U、电流 I 和功率 P，然后通过计算得到。这种测量方法称为"三表法"。

值得注意的是，被测电路可能是单一的元件，也可能是几个单一元件串、并联组合的无源二端网络，因此测得的参数不一定是某一具体元件的参数，而可能是几个元件对外呈现出的等效参数。

（2）若所测电路对外呈现阻性，则等效参数就是一个电阻器，用 R 表示；若所测电路对外呈现感性，则可以将之等效为一个电阻器和一个电感器相串联，等效参数就用 R 和

L 表示；若所测电路对外呈现容性，则可以将之等效为一个电阻器和一个电容器相串联，等效参数就用 R 和 C 表示。

（3）参数计算的基本公式：

复阻抗的模

$$|Z| = \frac{U}{I} = \sqrt{R^2 + X^2}$$

电路的功率因数

$$\cos\varphi = \frac{P}{UI}$$

等效电阻

$$R = \frac{P}{I^2} = |Z|\cos\varphi$$

等效电抗

$$X = |Z|\sin\varphi$$

当被测电路呈现感性时，被测电路的电抗就可以用等效感抗来代替 $X = X = 2\pi f L$，则等效电感 $L = \dfrac{X}{2\pi f}$。

当被测电路呈现容性时，被测电路的电抗就可以用等效容抗来代替 $X = X_c = \dfrac{1}{2\pi f C}$，则等效电容量 $C = \dfrac{1}{2\pi f X}$。

（4）功率与电压和电流有关，所以功率表中有两组元件，一组是电压元件，一组是电流元件。在接线时电压元件应与负载并联反映负载的电压，电流元件应与负载串联反映负载的电流。但是由于每一组元件都有两个接线端子，功率表的读数的正负还与这两个元件中电流的方向有关。为了正确接线，在两个元件的某一端子上各做一个相同的标记，如"*"或"±"，把它叫做"电源端"或"发电机端"。接线时应将"电源端"接至电源的同一极性上，以使电流的方向对于"电源端"一致。所以总结功率表的接线原则就是：电流元件与负载"串"；电压元件与负载"并"；"*"端接至电源的同一极性。

三、实验设备

序　号	名　称	型号与规格	数　量
1	交流电压表或万用表	0～500 V	1
2	交流电流表	0～5A 或 0～1A	1
3	单相功率表		1
4	自耦调压器		1
5	镇流器（电感线圈）		1
7	电容器	4.7μF/500 V	1
8	白炽灯	15 W /220 V 或 25 W /220 V	3 或 2

四、实验电路

交流元件参数的测定电路如图 2-11-1～图 2-11-4 所示。

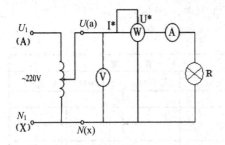

图 2-11-1　白炽灯 R 的测定

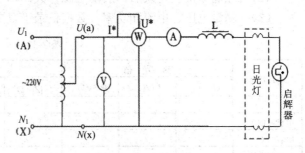

图 2-11-2　电感线圈 L 的测定

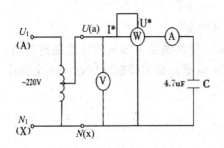

图 2-11-3　电容器 C 的测定

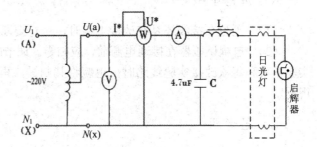

图 2-11-4　LC 并联电路的测定

五、实验步骤

1.　电阻元件

（1）　在 DGJ—06、04、05 型挂箱中找到相关的元器件；分立元件从相应的位置找到相关的元器件，按图 2-11-1 所示电路接线，将调压器输出置零（逆时针调节）。

（2）　经老师检查无误后，启动电源开关，调节调压器的输出电压为 220 V。

（3）　测量电压、电流和功率，数据记录于表 2-11-1 中。

2.　电感元件

（1）　按图 2-11-2 所示电路接线，将调压器输出置零（逆时针调节）。

（2）　经老师检查无误后，启动电源开关，调节调压器的输出电压为 220 V。

（3）　测量电压、电流和功率，数据记录于表 2-11-1 中。

3.　电容元件

（1）　按图 2-11-3 所示电路接线，将调压器输出置零（逆时针调节）。

（2）　经老师检查无误后，启动电源开关，调节调压器的输出电压为 220 V。

（3）　测量电压、电流和功率，数据记录于表 2-11-1 中。

4. 电感器与电容器并联

（1） 按图 2-11-4 所示电路接线，将调压器输出置零（逆时针调节）。

（2） 经老师检查无误后，启动电源开关，调节调压器的输出电压为 220 V。

（3） 测量电压、电流和功率，数据记录于表 2-11-1 中。

表 2-11-1

电路状态	测 量 值			计 算 值				
	U (V)	I (A)	P (W)	$|Z|$ (Ω)	$\cos\varphi$	R (Ω)	L (mH)	C (μF)
白炽灯 R								
电感线圈 L								
电容器 C								
L 与 C 并联								

六、注意事项

（1） 无论在接线还是在改接电路时，一定要断开电源。

（2） 自耦调压器在接通电源前，应归零。调节时，使其输出电压从零开始逐渐升高。实验结束和每次改接实验线路时，也应将其归零，再断电源。必须严格遵守这一安全操作规程。

七、思考题

（1） 在 50 Hz 的交流电路中，测得一只铁芯线圈的 P、I 和 U，如何计算线圈的参数？

（2） 在交流电路中，电压与电流的比值是什么？

八、实验报告

（1） 根据实验数据，完成各项计算，将计算结果填于表中。

（2） 画出各状态的相量图。

实验十二　RLC 串联电路的研究

一、实验目的

（1） 加深对串联电路三种性质的认识。

（2） 理解 RLC 串联电路发生谐振条件及特征。

二、实验原理及相关知识

1. RLC 串联电路主要关系

（1） 电压关系：$\dot{U} = \dot{U}_R + \dot{U}_L + \dot{U}_C$　　$U = \sqrt{U_R^2 + (U_L - U_C)^2}$

（2）　阻抗关系：$|Z| = \sqrt{R^2 + \left(X_L - X_C\right)^2} = \dfrac{U}{I}$

（3）　功率关系：$S = \sqrt{P^2 + (Q_L - Q_C)^2} = \dfrac{P}{\cos\varphi}$

2. 电路的三种性质

（1）　当 $X_L > X_C$ 时，$X > 0$，$\varphi > 0$ 电路呈感性。

（2）　当 $X_L < X_C$ 时，$X < 0$，$\varphi < 0$ 电路呈容性。

（3）　当 $X_L = X_C$ 时，$X = 0$，$\varphi = 0$ 电路呈阻性，也叫谐振状态。

RLC 串联电路相量图如图 2-12-1 所示。

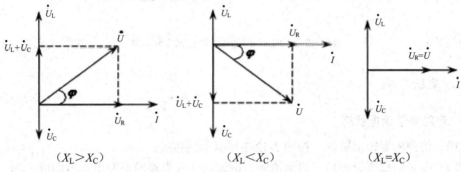

$(X_L > X_C)$　　　　　$(X_L < X_C)$　　　　　$(X_L = X_C)$

图 2-12-1　RLC 串联电路相量图

由上面分析可知：$-90° < \varphi < 90°$，当电源频率不变时，改变电路参数 L 或 C 可以改变电路的性质。

3. 电路串联谐振时的主要特征

（1）　阻抗最小，$|Z| = R$，外加电压 U 一定时，电流具有最大值 $I_0 = U/R$，I_0 称为串联谐振电流。

（2）　总电压与电流同相位，电路呈现纯电阻性质。

（3）　当品质因数 $Q \gg 1$ 时，$U_L = U_C \gg U_R = U$，即电感器和电容器上的电压远远高于电路的总电压。在电信工程和无线电技术中，常利用这一特点使所接收的微弱信号变强。而电力工程上常要避免发生串联谐振现象，以免产生过电流、大电压，损坏电感线圈、电容器或其他电气设备。

三、实验设备

序　号	名　　称	型号与规格	数　量
1	万用表或交流电压表	0～500 V	1
2	交流电流表	0～5 A 或 0～1 A	1
3	单相功率表	0～5 A、0～450 V	1
4	功率因数表		1
5	自耦调压器		1
6	镇流器（电感线圈）	30 W	1
7	电容器	1 μF、2.2 μF、4.7 μF/500 V	各 2

四、实验电路

RLC 串联电路的研究实验电路如图 2-12-2 所示。

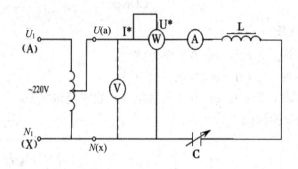

图 2-12-2　RLC 串联电路的研究实验电路

五、实验步骤

1. 电路处于谐振状态

（1）将调压器输出置零，按图 2-12-2 所示电路接线。

（2）经老师检查无误后，启动电源。电源启动前先接通可变电容器即可。

（3）将 DGJ-06 智能型功率、功率因数表置于测量功率因数状态。

（4）调节调压器的输出电压为 30 V。

（5）调节电容器电容量的大小，使功率因数等于 1，此时电路处于谐振状态。在调节过程中注意观察电流表的数据变化情况。

（6）按表 2-12-1 要求，记录数据。

2. 电路处于感性状态

（1）调节电容器电容量的大小，使电路中的功率因数在 0.5～0.7 之间，当功率因数表显示 L 时，此时电路呈现感性状态。

（2）按表 2-12-1 要求，记录数据。

3. 电路处于容性状态

（1）调节电容的大小，使电路中的功率因数在 0.5～0.7 左右，当功率因数表显示 C 时，此时电路呈现容性状态。

（2）按表 2-12-1 要求，记录数据在表格中。

表 2-12-1

测量值 状态	U（V）	U_L（V）	U_C（V）	I（A）	P（W）	$\cos\varphi$	计 算 值		
							U_R	$\lvert Z\rvert$	S
谐振									
感性									
容性									

六、注意事项

（1） 自耦调压器在接通电源前，应将其手柄置零。调节时，使其输出电压从零开始逐渐升高。每次改接实验线路时都必须先将其手柄置零，再断电源。必须严格遵守这一安全操作规程。

（2） 图中的电容器由 DGJ—05 上的 U、V 两相的电容器并联而成。

（3） 当实验中通过调节电容器达不到谐振状态时，可以将总电压稍作微调，使电路谐振，但务必不要大于 40 V，否则谐振时，镇流器上的电压将会超过它的正常使用电压而被损坏。

（4） 电容器上的介质损耗可以忽略不计。

七、思考题

（1） 镇流器的电路模型是什么？

（2） 改变电路的哪些参数可以使电路发生谐振，电路中 R 的数值是否影响谐振频率值？

八、实验报告

（1） 在不知电路功率因数的情况下，如何根据电流和电压判断电路是否发生谐振？

（2） 什么是电路的特性阻抗和品质因数？

实验十三　RLC 串联电路幅频特性的测量

一、实验目的

（1） 学会测量并绘制 RLC 串联电路的幅频特性曲线。

（2） 加深对电路发生谐振的条件、特点的认识。

（3） 掌握电路品质因数（电路 Q 值）的物理意义及其测定方法。

二、实验原理及相关知识

（1） 在图 2-13-1 所示的 RLC 串联电路中，当正弦交流信号源的频率 f 改变时，电路中的感抗、容抗随之而变，电路中的电流也随 f 的变化而变化。

$$|Z| = \sqrt{R^2 + (X_L - X_C)^2} = \sqrt{R^2 + \left(\omega L - \frac{1}{\omega C}\right)^2}$$

$$I = \frac{U_i}{|Z|} = \frac{U_i}{\sqrt{R^2 + \left(\omega L - \frac{1}{\omega C}\right)^2}}$$

以电路中电流的有效值 I 为纵坐标，以 f 为横坐标，绘制出的电流有效值 I 随频率 f 变化曲线就叫幅频特性曲线，也叫谐振曲线。

在实验中如果取电阻器 R 上的电压 U_o 作为响应，当输入电压 U_i 的幅值维持不变时，在不同频率的信号激励下，测出 U_o 之值，然后以 f 为横坐标，以 U_o/R 为纵坐标（因 R 不变，故也可直接以 U_o 为纵坐标），绘出光滑的曲线，此即为幅频特性曲线，如图 2-13-2 所示。

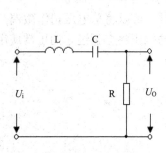

图 2-13-1　RLC 串联电路

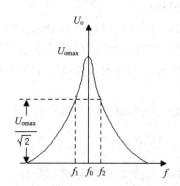

图 2-13-2　串联谐振电路的幅频特性曲线

（2）在 $f = f_0 = \dfrac{1}{2\pi\sqrt{LC}}$ 处，即幅频特性曲线尖峰所在的频率点称为谐振频率。此时 $X_L = X_C$，电路呈纯阻性，电路阻抗的模为最小。在输入电压 U_i 为定值时，电路中的电流达到最大值，且与输入电压 U_i 同相位，故又称为电压谐振。从理论上讲，此时 $U_L = U_C = QU_i$，式中的 Q 称为电路的品质因数。当 $X_L > X_C$ 时，电路呈感性，电压超前于电流，即 $f > f_0$；当 $X_L < X_C$ 时，电路呈容性，电压滞后于电流，即 $f < f_0$。

（3）电路品质因数 Q 值的两种测量方法：一是根据公式 $Q = \dfrac{U_L}{U_i} = \dfrac{U_C}{U_i}$ 测定，U_C 与 U_L 分别为谐振时电容器 C 和电感线圈 L 上的电压；另一方法是通过测量谐振曲线的通频带宽度 $\Delta f = f_2 - f_1$，再根据 $Q = \dfrac{f_0}{f_2 - f_1}$ 求出 Q 值。式中 f_0 为谐振频率，f_2 和 f_1 是失谐时，亦即输出电压的幅度下降到最大值的 $1/\sqrt{2}$（$=0.707$）倍时的上、下频率点。Q 值越大，曲线越尖锐，通频带越窄，电路的选择性越好。在恒压源供电时，电路的品质因数、选择性与通频带只决定于电路本身的参数，而与信号源无关。

三、实验设备

序　号	名　　称	型号与规格	数　量
1	低频函数信号发生器		1
2	交流毫伏表	$0 \sim 500$ V	1
3	RLC 串联谐振电路	$R = 200\ \Omega$、$1\ \mathrm{k}\Omega$ $C = 0.01\ \mu\mathrm{F}$、$0.1\ \mu\mathrm{F}$ $L = 30\ \mathrm{mH}$	1
4	频率计		1

四、实验电路

测量 RLC 串联电路幅频特性的实验电路如图 2-13-3 所示。

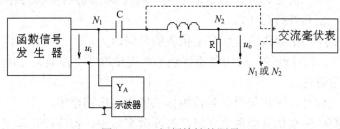

图 2-13-3 幅频特性的测量

五、实验步骤

（1）按图 2-13-3 接线。用函数信号发生器的正弦输出信号作为 u_i，令信号源输出电压的峰值为 $U_i = 4$ V，并保持不变。将 u_i 和 u_0 接入双踪示波器的两个 y 轴输入端。电路和各元件的参考值先选用 $C=0.01$ μF、$R=200$ Ω、$L=30$ mH。

（2）测量电路的谐振频率 f_0，其方法是：在示波器上先观测 u_i、u_0 二波形，改变 u_i 的频率 f，先定性观察 u_0 的变化，再定量测量 u_0 随 f 的变化，当取样电阻器两端接的交流毫伏表指示值最大时，而且电容器、电感器两端电压相等，此时的频率值即为电路的谐振频率 f_0。

（3）在谐振点两侧，按频率递增或递减 500Hz 或 1 kHz，依次各取 8 个测量点，包括谐振点，逐点测出 U_O、U_L、U_C 之值，数据记入表 2-13-1 中。

注意：

为了较准确地测出谐振频率 f_0 及谐振曲线，应根据 u_R 的变化规律选取测量点，在 f_0 附近应多选几个点，测得密些，而在远离 f_0 处则可测得稀些。

表 2-13-1

f（Hz）																
U_O（V）																
U_L（V）																
U_C（V）																
$U_i=4$ V_{P-P}，$C=0.01$ μF，$R=200$ Ω，$f_0=$　　　，$Q=$																

（4）将电阻器电阻值改为 $R=1$ kΩ，重复步骤 2，3 的测量过程。逐点测出 U_O、U_L、U_C 之值，数据记入表 2-13-2 中。

表 2-13-2

f（Hz）																
U_O（V）																
U_L（V）																
U_C（V）																
$U_i=4$ V_{P-P}，$C=0.01$ μF，$R=1000$ Ω，$f_0=$　　　，$Q=$																

（5）选 $C=0.1\ \mu F$，重复 $2\sim4$ 进行测量（自制表格）。

六、注意事项

（1）测试频率点的选择应在靠近谐振频率附近多取几点。在转换频率测试前，应调整信号输出幅度，使其维持在 $4\ V_{P\text{-}P}$。

（2）测量 U_c 和 U_L 数值前，应将毫伏表的量限改大。

（3）实验中，信号源的外壳应与毫伏表的外壳绝缘（不共地）。如能用浮地式交流毫伏表测量，则效果更佳。

（4）更换元件时，应将函数信号发生器的输出电压调至零。

（5）使用晶体管毫伏表测量电压时，每次改变量程，都应校正零点。

七、思考题

（1）根据实验线路板给出的元件参数值，估算电路的谐振频率。

（2）改变电路的哪些参数可以使电路发生谐振，电路中 R 的数值是否影响谐振频率值？

（3）如何判别电路是否发生谐振?测试谐振点的方案有哪些?

（4）要提高 R、L、C 串联电路的品质因数，电路参数应如何改变？

八、实验报告

（1）根据测量数据，绘出不同 Q 值的幅频特性曲线 U_0—f，由曲线测出通频带宽度 Δf。

（2）用原理中介绍的两种方法，计算电路的品质因数。

（3）谐振时，为什么电感器和电容器上产生的电压比电源的总电压还大？

实验十四　功率因数的提高

一、实验目的

（1）理解提高用户功率因数对电力系统的意义。

（2）验证并联电容器可以提高功率因数的正确性。

（3）了解日光灯的原理，掌握其接线方法。

二、实验原理及相关知识

1. 系统功率因数低所造成的不良后果

（1）使电源的容量不能充分利用。

（2）增加线路上的电能损耗。

（3）增加线路中的电压降。

2. 并联电容器提高电路功率因数的原理

R、L 串联和 C 并联的电路，各支路中的电流应满足相量形式的基尔霍夫电流定律，即 $\dot{I} = \dot{I}_L + \dot{I}_C$，电路图和相量图如图 2-14-1 所示。

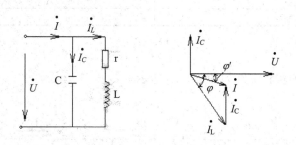

图 2-14-1 并联电容器提高功率因数的原理图和相量图

3. 日光灯电路的工作原理：

日光灯电路如图 2-14-2 所示，它是由日光灯管、镇流器、启辉器部件构成的。当接通电源时，电源电压通过镇流器和灯管灯丝加到启辉器的两极。220 V 的电压立即使启辉器的惰性气体电离，产生辉光放电。辉光放电的热量使双金属片受热膨胀，动、静触头接触，使电流通过镇流器、启辉器触点和两端灯丝构成通路。灯丝很快被电流加热，发射出大量电子。这时，由于启辉器两极闭合，两极间电压为零，辉光放电消失，管内温度降低，使双金属片自动复位，两极断开。在两极断开的瞬间，电路电流突然切断，镇流器产生很大的自感电动势，与电源电压叠加后作用于灯管两端。灯丝受热时发射出来的大量电子，在灯管两端高电

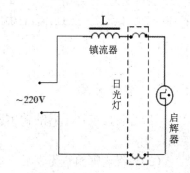

图 2-14-2 日光灯电路

压作用下，以极大的速度由低电势端向高电势端运动。在加速运动的过程中，碰撞管内氩气分子，使之迅速电离。氩气电离生热，热量使水银产生蒸气，随之水银蒸气也被电离，并发出强烈的紫外线。在紫外线的激发下，管壁内的荧光粉发出近乎白色的可见光。

日光灯正常发光后，由于交流电不断通过镇流器的线圈，线圈中产生自感电动势，自感电动势阻碍线圈中的电流变化，这时镇流器起降压限流的作用，使电流稳定在灯管的额定电流范围内，灯管两端电压也稳定在额定工作电压范围内。由于这个电压低于启辉器的电离电压，所以并联在两端的启辉器也就不再起作用了。

三、实验设备

序　号	名　　称	型号与规格	数　　量
1	交流电压表	0～500 V	1
2	交流电流表	0～5 A 或 0～5 A	1
3	单相功率表		1
4	自耦调压器		1

序　号	名　　称	型号与规格	数　量
5	镇流器、启辉器		各1
6	日光灯灯管		1
7	电容器和电容箱		各1
8	电流插座		
9	电流表插头		

四、实验电路

提高功率因数的实验电路如图 2-14-3 所示。

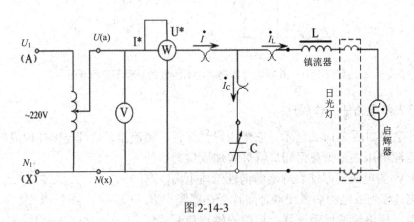

图 2-14-3

五、实验步骤

（1）将自耦调压器的输出调至零位，找到相关的元器件，按图 2-14-3 所示实验电路接线。

（2）经老师检查无误后，启动电源按钮，将自耦调压器的输出调至 220 V。

（3）日光灯亮后，按表 2-14-1 要求，记录功率表、电压表、电流表读数。

表 2-14-1

电容量（μF）	测量数值					计 算 值
	P（W）	U（V）	I（A）	I_L（A）	I_C（A）	Cosφ
0						
1						
2.2 或 2						
3.2 或 3.5						
4.7 或 4.5						
5.7 或 5.5						

六、实验注意事项

（1）本实验用交流电 220 V，务必注意用电和人身安全，切勿将电流表插头的接线两端插在三相电源的插孔或电压表中，以免造成危险。

（2）本实验中功率表在接入电路时，电流元件应与负载串联，电压元件应与负载并联，发电机端"＊"应在电源的同一极性上。

（3） 指针式功率表不能因指针偏转角度小而更换电压量程。

（4） 接线时根据仪器仪表的位置选择长短合适的导线，一个接线端最多接两条导线。

（5） 若线路接线正确，日光灯不能启辉时，应检查启辉器接触是否良好或检查灯管两侧的熔断丝是否熔断。

七、思考题

（1） 日光灯的工作原理是怎样的？

（2） 在日常生活中，当日光灯上缺少了启辉器时，人们常用一根导线将启辉器的两端短接一下，然后迅速断开，使日光灯点亮。若用短接按钮，它可以代替启辉器吗？

（3） 为了改善电路的功率因数，常在感性负载上并联电容器，此时增加了一条电流支路，试问电路的总电流是增大还是减小？此时感性元件上的电流和功率是否改变？

（4） 提高线路功率因数为什么只采用并联电容器法，而不用串联法？所并的电容器是否越大越好？

八、实验报告

（1） 根据实验数据完成表格中的计算。

（2） 实验数据中，总电流与电感支路和电容支路中电流是什么关系？

（3） 根据实验数据画出并联电容器提高功率因数的相量图。

实验十五　三相负载电路电压与电流关系的研究

一、实验目的

（1） 掌握三相负载做星形连接、三角形连接的方法。

（2） 验证对称电路中线电压与相电压及线电流与相电流之间的关系。

（3） 学会分析负载不对称时产生的现象。

（4） 三相四线供电系统中性线的作用。

二、实验原理及相关知识

三相负载可接成星形（又称"Y"）或三角形（又称"△"）。如图 2-15-1 所示。

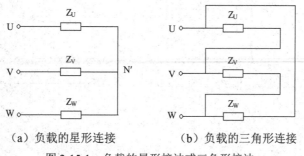

（a）负载的星形连接　　　（b）负载的三角形连接

图 2-15-1　负载的星形接法或三角形接法

（1） 当三相负载做 Y 连接时，$I_L = I_p$。若负载对称，则 $U_L = \sqrt{3}U_p$；若负载不对称又分为以下两种情况：

① 无中线时，$U_L \neq \sqrt{3}U_p$，原因是中性点电位发生了位移。若忽略中线的阻抗则中点电压为 $U_N \neq 0$。

② 有中线时，$U_L = \sqrt{3}U_p$，在这种情况下，流过中线的电流 $I_N \neq 0$。中线的作用就是抑制中性点电位发生位移，使得相电压保持对称。

不对称三相负载做星形连接时，必须采用三相四线制接法，即 Y_0 接法。而且中线必须牢固连接，以保证三相不对称负载的每相电压维持基本对称。倘若中线断开，会导致三相负载电压的不对称，致使负载轻的那一相的相电压过高，使负载损坏；负载重的一相相电压又过低，使负载不能正常工作。如三相照明负载，由于其很难保持对称，所以一律采用 Y_0 接法。

（2） 当三相负载作三角形连接时，$U_L = U_p$。

① 若负载对称：$I_L = \sqrt{3}I_p$

② 若负载不对称：$I_L \neq \sqrt{3}I_p$，但只要电源的线电压 U_L 对称，加在三相负载上的电压仍是对称的，对各相负载工作没有影响。

三相负载作 △ 连接时，某一相负载改变时，不影响其他两相负载的正常工作。

三、实验设备

序　号	名　称	型号与规格	数　量
1	万用表或交流电压表		1
2	交流电流表	0～5 A 或 0～5 A	1
3	三相自耦调压器		1
4	三相灯组负载或三相负载板	15 W/220 V、25 W/220 V 白炽灯	1
5	电流插座		3

四、实验电路

三相负载的星形连接电路如图 2-15-2 所示。

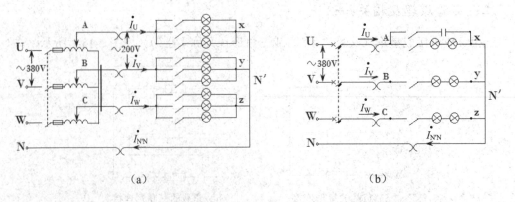

(a)　　　　　　　　　　　　(b)

图 2-15-2　三相负载的星形连接电路

三相负载的三角形连接电路如图 2-15-3 所示。

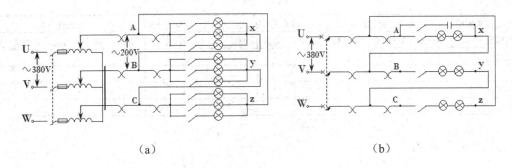

（a）　　　　　　　　　　（b）

图 2-15-3　三相负载的三角形连接电路

五、实验步骤

1.　三相负载星形连接

（1）　检查三相调压器的输出是否在零位（即逆时针旋到底）。"天煌"设备按图 2-15-2（a）所示电路接线，分立元件按图 2-15-2（b）所示电路接线。

（2）　经教师检查无误后，启动电源开关。

（3）　调节调压器的输出，使线电压为 200 V（分立元件不做此步骤）。

（4）　按表 2-15-1 中所列实验项目，分别测量三相负载的线电压、相电压、线电流、相电流、中线电流、电源与负载中点间的电压。将所测得的数据记入其中，并观察各相灯组亮、暗的变化情况，特别要注意观察中线的作用。

（5）　测量完毕将负载灯关闭，然后调压器归零，关电源。

表 2-15-1

负载情况	测量数据	开灯盏数			线 电 流（A）			线 电 压（V）			相 电 压（V）			中线电流	中点电压
		U 相	V 相	W 相	I_U	I_V	I_W	U_{UV}	U_{VW}	U_{WU}	U_U	U_V	U_W	$I_{N''N}$（A）	$U_{N''N}$（V）
负载	无中线	3	3	3											
对称	有中线	3	3	3											
负载	无中线	1	2	3											
不对称	有中线	1	2	3											
V 相	无中线	3	0	3											
负载断	有中线	3	0	3											
V 相短路无中线		3	0	3											

2.　三相负载三角形连接

（1）　检查三相调压器的输出是否在零位（即逆时针旋到底）。"天煌"设备按图 2-15-3（a）所示电路接线，分立元件按图 2-15-3（b）所示电路接线。

（2）　经教师检查无误后，启动电源开关。

（3）　调节调压器，使其输出线电压为 200 V（分立元件不需调节）。

（4）　按表 2-15-2 的要求进行测试并记录。

— 63 —

（5）测量完毕将负载灯关闭，然后调压器归零，关电源。

表 2-15-2

测量数据	开 灯 盏 数			线电压（V）			线电流（A）			相电流（A）		
负载情况	U-V 相	V-W 相	W-U 相	U_{UV}	U_{VW}	U_{WU}	I_U	I_V	I_W	I_{UV}	I_{VW}	I_{WU}
负载对称	3	3	3									
负载不对称	1	2	3									
V 相负载断开	3	0	3									
U 相电源断开	3	3	3									

六、注意事项

（1）本实验采用三相交流电，线电压为 200 V，实验时要注意人身安全，切勿将电流表插头的接线两端插在三相电源的插孔中，以免造成危险。

（2）通电之前一定要检查调压器是否归零，以免接通电源时，加在灯泡两端的电压过大使之损坏。

（3）每次接线完毕，同组同学应自查一遍，然后由教师检查无误后，方可通电实验。

（4）做星形负载某相短路实验时，必须首先断开中线，以免发生短路事故。

（5）分立元件做负载不对称时，应在 U 相并联上 4.7 μF 的电容器。

（6）务必在接线、改线、拆线时断开电源。

七、思考题

（1）三相负载根据什么条件做星形或三角形连接？

（2）复习三相交流电路有关内容，试分析三相星形连接负载在无中线情况下，当某相负载开路或短路时会出现什么现象？如果接上中线，情况又如何？

八、实验报告

（1）通过实验数据总，结在三相电路中什么情况下，$U_L = \sqrt{3}U_P$？什么情况下 $I_L = \sqrt{3}I_P$？

（2）总结中线的作用。

第三篇　电子基础实验

实验一　常用电子仪器的使用

一、实验目的

（1）认识和了解直流稳压电源、直流信号源、直流数字电压表、函数信号发生器、双踪示波器、交流数字毫伏表及频率计的性能和正确使用方法。

（2）初步掌握用交流数字毫伏表和双踪示波器测量交流信号波幅值、周期和频率的方法；学会应用函数信号发生器产生各类信号波的方法。

二、实验主要仪器设备

（1）模拟电子实验台（DZX—3型），一套。

包括两路 0～18 V 可调直流稳压电源；一路+5 V～地～-5 V 不可调直流稳压电源；两路+5 V～-5 V 可调直流信号源；函数信号发生器；频率计；

（2）双踪示波器双踪示波器 CA9020 型或 COS—620 型一台。

（3）连接导线若干。

三、实验原理及相关知识

1. DZX—3 型模拟电路实验台

图 3-1-1 所示为模拟电路实验台板面图。

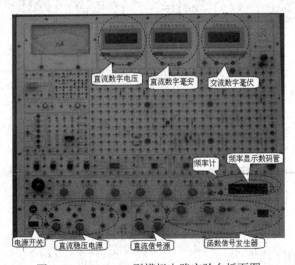

图 3-1-1　DZX—3 型模拟电路实验台板面图

2. COS—620 型双踪示波器

图 3-1-2 所示为 COS—620 型双踪示波器板面图。

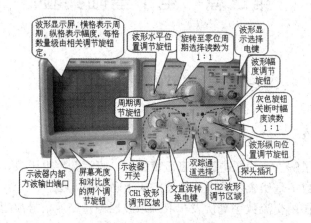

图 3-1-2　COS—620 型双踪示波器板面图

3. CA9020 型双踪示波器板面

图 3-1-3 所示为 CA9020 型双踪示波器板面图。

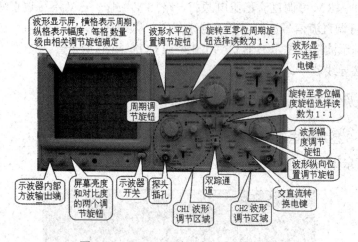

图 3-1-3　CA9020 型双踪示波器板面图

4. 示波器探头

示波器的常用探头如图 3-1-4 所示。

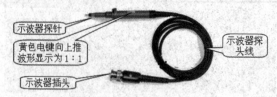

图 3-1-4　示波器的常用探头

四、实验内容及步骤

1. 直流稳压电源的使用

认识电子学综合实验装置（DZX—3 型）的布置，找到（两路可调 0～18 V）和（不可调±5 V）直流稳压电源、直流数字电压表的位置。

① 接通实验台交流电源，打开任意一路直流稳压电源 0～18 V 的开关，调节 0～18 V 旋钮，用直流数字电压表的相应量程测量该电压最大值和最小值，接线如图 3-1-5 所示。然后将所测数据记录在表 3-1-1 中。

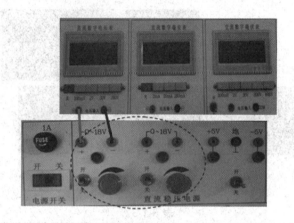

图 3-1-5 0～18 V 对地测量电压连接图

表 3-1-1

电压范围	最大值	最小值
0～18 V 直流稳压电源		

② 打开±5 V 直流稳压电源开关，用直流数字电压表的相应量程测量该电压的值，接线如图 3-1-6 所示。然后将所测数据记录在表 3-1-2 中。

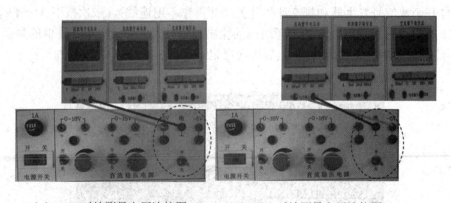

（a）+5 V 对地测量电压连接图　　　（b）-5 V 对地测量电压连接图

图 3-1-6 ±5 V 对地测量电压连接图

表 3-1-2

电压范围	最大值	最小值
±5 V 直流稳压电源		

2. 直流信号源的使用

找到实验台上（两路可调±5 V 直流信号源），打开实验台上可调±5 V 直流信号源和不可调±5 V 直流稳压电源的开关，任选一路用直流数字电压表的相应量程测量该电压的最大值和最小值，接线如图 3-1-7 所示，然后将测量数据记录在表 3-1-3 中。

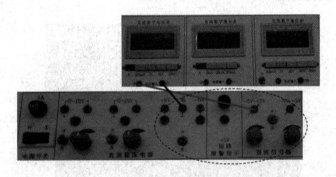

图 3-1-7　测量±5 V 直流信号电压连接图

表 3-1-3

电压范围	最大值	最小值
±5 V 直流信号源		

3. 函数信号发生器的使用

认识函数信号发生器、频率计及交流数字毫伏表在实验台上的位置，找到函数信号发生器上的频率调节、幅度调节旋钮；频段、波形、衰减按键和电压指示（峰–峰值）显示数码管。

①打开函数信号发生器和频率计的开关（此操作不用连线），依次按下 f1～f7 频段，调节频率旋钮，分别测量出这 7 个频段内的输出频率最大值和最小值（该值的显示查看图 3-1-8 中红色的频率显示数码管），然后将数据记录在表 3-1-4 中。

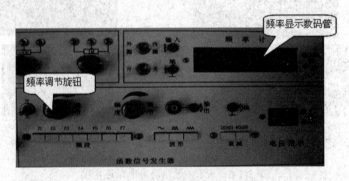

图 3-1-8　频率显示数码管位置图

表 3-1-4

频 段	f1	f2	f3	f4	f5	f6	f7
最大值							
最小值							

②从 f1～f7 这 7 个频段中选择出一个最合适的频段按下（f3 或 f4），调节频率调节旋钮调出一个频率为 1000 Hz（该值看频率显示数码管），然后将函数信号发生器面板上的输出和接地端接入交流数字毫伏插孔中，将调节幅度调节旋钮分别调到最大和最小，查看交流数字毫伏表显示的电压最大值和最小值（有效值）；把数据记录在表 3-1-5 中。接线如图 3-1-9 所示。

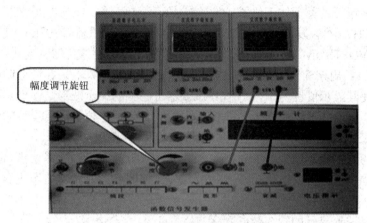

图 3-1-9　测量频段电压连接图

表 3-1-5

频　率	最大值（电压）	最小值（电压）
1000 Hz		

4. 使用示波器的注意事项

① 辉度不应开得过亮，且不能让显示的波形或光点持久地停留在一个位置上。
② 不要随意调节面板上的开关和旋钮（应根据需要调节），以避免开关和旋钮失效。
③ 被测电压不应超过示波器规定的最大允许输入电压。
④ 测量较高电压时，严禁用手直接触及被测点，以免发生触电。

5. 示波器的应用

（1）认识示波器，测试示波器内置电源，观察屏幕上内置电源的波形（方波）。首先将示波器探头上的黑色电键向上推，使波形读数显示为 1∶1；把示波器探头的探针与示波器内置电源引出端环（示波器内部方波输出端口）相连，如图 3-1-10 所示。

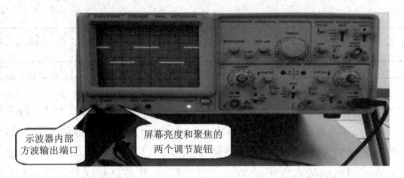

图 3-1-10 示波器探头的连接

　　将示波器旋钮开关置于如下位置："通道选择"，选择"CH1"或"CH2"，"触发源"，选择（CH1 或 CH2），"触发方式"，选择"自动"（AUTO），交直流转换开关"DC,GND,AC"，选择"AC"，"VOLTS/div"旋钮打在"0.5 V/div"挡上，并注意旋钮上的灰色小旋钮关断，使其读数为 1∶1；周期旋钮"TIME/DIV"旋在 0.2 ms 的位置上，并把周期旋钮左侧小旋钮旋至零位，使其显示值也为 1∶1。观察示波器屏幕上的显示波形，读出其数值。如果波形位置不合适，可调节"X 轴位移"和"Y 轴位移"，使波形位于显示屏幕的中央位置，调节"辉度"、"聚焦"，使显示屏幕上的波形细而清晰，亮度适中。

　　屏幕上横向方格指示的为波形周期，内置电源周期为 1ms；屏幕上纵向方格指示的为内置电源电压幅度值，内置电源的峰-峰值为 2 V。如屏幕上方波的信号波形显示与内置电源的相等，则示波器可以正常测试使用。如指示值与实际值有差别，应请指导教师帮助查找原因，其信号波形显示如图 3-1-11 所示。

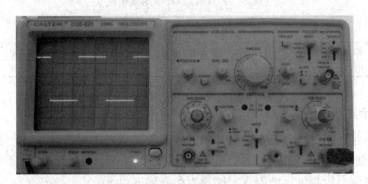

图 3-1-11　方波的信号波形显示

　　（2）　学习实验台上的函数信号发生器与示波器的使用方法及调节步骤。

　　连接交流数字毫伏表监测信号发生器的输出，调节信号发生器正弦波的输出电压，按照附表中的数据分别进行调试和输出，使其输出信号分别为：U_1=4 V，f_1=1000 Hz；U_2=50mV，f_2=1500 Hz 的正弦波，用示波器测量各信号的电压及频率值；调节信号发生器产生波形的输出频率时，应以频率显示数码管的显示数值为基本依据，分别调节出表 3-1-6 中要求的频率值。并将测量数据填入该表格中。

表 3-1-6　常用电子仪器使用的测量数据

	4 V	50mV
交流数字毫伏表读出的电压	4 V	50mV
信号发生器产生的信号频率	1000 Hz	1500 Hz
示波器"VOLT/div"挡位值		
波峰到波谷的格数		
波峰到波谷值电压 U_{P-P}（V）的计算公式= 示波器"VOLT/div"挡位值×波峰到波谷的格数×探头衰减倍数（×1 或×10）		
波峰波到波谷的格数值电压 U_{P-P}（V）读数		
根据示波器显示计算出的波形有效值（V）的计算公式= $\dfrac{\text{波峰到波谷的电压}U_{P-P}}{2\sqrt{2}}$		
示波器（TIME/div）挡位值		
周期格数（波峰到波峰之间的格数）		
信号周期 T 值（ms）=示波器（TIME/div）挡位值×周期格数		
信号频率 $f=1/T$（Hz）		

（3）　用实验台上的函数信号发生器调出一个频率为 1000 Hz，交流电压为 4 V 的正弦信号时，其操作步骤如下。

①　用红黑两种导线从函数信号发生器的输出端和地端分别引出，接入交流数字毫伏表插孔中（输出接入红色插孔，地接入 COM 插孔）

②　把函数信号发生器的波形选择在正弦波的按键上，把频率选择在频段 f4 的按键上；然后分别调节频率调节和幅度调节旋钮使频率计上的频率显示 1000 Hz、交流数字毫伏表上的电压显示 4 V，如图 3-1-12 所示。

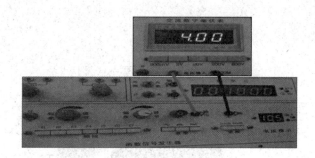

图 3-1-12　波形的选择与显示

③　将频率为 1000 Hz，电压为 4 V 正弦信号接入示波器，把示波器的夹子与函数信号发生器的"地"相连，示波器探针与函数信号发生器输出端子相连，接线方法如图 3-1-13 所示。

④　调节灵敏度选择开关（VOLTS/DIV）和扫描速率选择开关（TIME/DIV）的旋钮，显示出信号波形，记录下这两个刻度，然后将数据记录在表 3-1-6（常用电子仪器使用的测量数据）中。

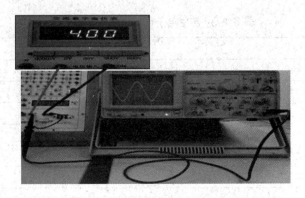

图 3-1-13　示波器探针与函数信号发生器的连接方法

⑤　观察示波器上显示出来的正弦波形，学会如何从示波器上读出这个正弦波纵向坐标显示的峰−峰（$U_{\text{P-P}}$）电压值和横向坐标显示的时间值。

（4）　交流电压的测量与计算。

①在测量时一般把"VOCIS/DIV"开关的微调装置以逆时针方向旋至满度的校准位置，否则将会对测量结果造成很大的影响。

②当只测量被测信号的交流成分时，应将 Y 轴输入耦合方式开关置"AC"位置，调节"VOCIS/DIV"开关，使波形在屏幕中的显示幅度，调节"电平"旋钮使波形稳定，分别调节 Y 轴和 X 轴位移，使波形显示值方便读取，如图 3-1-14 所示。根据"VOCIS/DIV"的指示值和波形在垂直方向显示的坐标 H（DIV）。按下式读取：

$$U_{\text{P-P}} = V/\text{DIV} \times H（\text{DIV}）$$

$$U_{\text{P}} = \frac{U_{\text{P-P}}}{2}$$

$$U_{\text{有效值}} = \frac{U_{\text{P-P}}}{2\sqrt{2}}$$

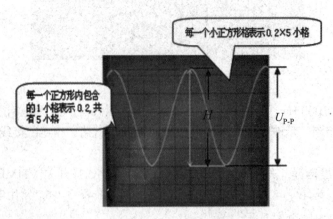

图 3-1-14　交流电压的测量

例：当 U/DIV＝0.2 V，H=5.4 格时，

Up-p＝U/DIV×H（DIV）＝5.4（格）×0.2 V＝1.08 V

注意：

如果使用的探头置 10∶1（×10）的位置，应将该值乘以 10。

即：$U_{\text{p-p}}$＝U/DIV×H（DIV）×10 ＝5.4（格）×0.2 V×10＝10.8 V

（5）时间的测量与计算。

对某信号的周期或该信号任意两点间时间参数的测量，可首先按上述操作方法，使波形获得稳定同步后，根据该信号周期或需测量的两点间在水平方向的距离乘以"TIME/DIV"开关的指示值获得，测量两点间的水平距离，按下式计算出时间间隔

$$时间间隔(s) = 一周期的水平距离(格) × 扫描时间系数$$

例：在图 3-1-15 中，测得水平距离 L=5 格，扫描时间系数 TIME/DIV=0.2ms/格，则：

$$时间间隔(s) = 5格 × 0.2ms / 格 = 1ms$$

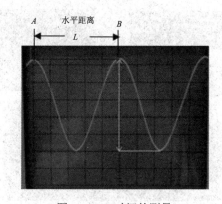

图 3-1-15　时间的测量

（6）频率的测量与计算。

对于重复信号的频率测量，可先测出该信号的周期 T，再根据公式：

$$f(\text{Hz}) = \frac{1}{T(\text{s})}$$

求出频率。

（7）用实验台上的函数信号发生器调出一个频率为 1500 Hz，电压为 50mV 正弦信号时，其操作步骤如下。

① 用红黑两种导线从函数信号发生器的输出端和地端分别引出，接入交流数字毫伏表插孔中。

② 把函数信号发生器的波形选择在正弦波的按键上，把频率选择在频段 f4 的按键上，把衰减选择在 20dB 的按键上；然后分别调节频率调节旋钮和幅度调节旋钮使频率显示1500 Hz、电压 50mV，如图 3-1-16 所示。

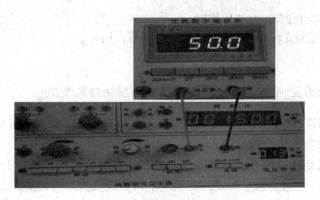

图 3-1-16　信号发生器的调节与显示

③　将频率为 1500 Hz，电压为 50 mV 正弦信号接入示波器，把示波器探针与函数信号发生器输出端子相连，示波器的夹子与函数信号发生器的"地"相连。

④　调节灵敏度选择开关（VOLTS/DIV）和扫描速率选择开关（TIME/DIV）的旋钮，显示出信号波形，记录下这两个刻度，然后将数据记录在表 3-1-6（常用电子仪器使用的测量数据）中。接线如图 3-1-17 所示。

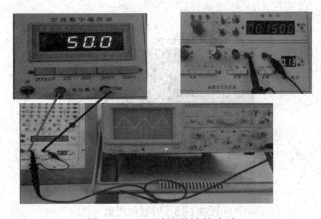

图 3-1-17　示波器的连接方法

⑤　观察示波器上显示出来的正弦波形，从示波器上读出这个正弦波纵向坐标显示的峰–峰（U_{P-P}）电压值和横向坐标显示的时间值。

五、实验报告

（1）　将"常用电子仪器使用的测量数据表"整理测量结果并填写完毕，分析实验数据与理论计算结果进行比较，分析产生误差的原因。

（2）　实验思考题回答与实验体会。

六、思考题

（1）　电子实验中为什么要用晶体管毫伏表来测量电子线路中的电压？为什么不能用万用表的电压挡或交流电压表来测量？

（2）用示波器观察波形时，要满足下列要求，应调节哪些旋钮？移动波形位置，改变周期格数，改变显示幅度，测量直流电压。

实验二 整流、滤波、稳压电路

一、实验目的

（1）验证单相半波、桥式全波整流电路的工作原理；
（2）验证电容滤波电路特性；
（3）验证稳压管稳压电路特性；
（4）掌握单相直流稳压电源的一般构成原理。

二、实验仪器与器件

（1）模拟电子实验台，工频低压交流电源（AC 50 Hz 交流电源）、交流数字毫伏表、直流数字电压表、直流数字毫安表各 1 台；
（2）双踪示波器，1 台；
（3）整流二极管 IN4007，4 只；电阻器 300 Ω 与 5.1 kΩ 各 1 只；电解电容器 47 μF（或 100 μF）1 只；稳压二极管 2CW54，1 只；
（4）导线若干。

三、实验原理

在电子电路中，通常都需要电压稳定的直流电源供电。小功率稳定电源的组成可以用图 3-2-1 来表示，它是由电源变压器、整流电路、滤波电路和稳压电路等四部分组成的。

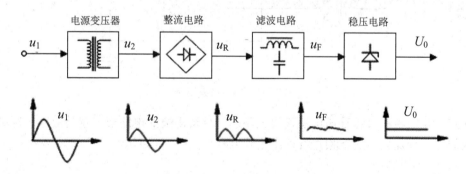

图 3-2-1　电子电路的组成及信号波形

变压器部分一般是为了把 220 V 的交流电网电压降至较低的交流电压值；
整流电路是把正负交变的交流电转换成单向脉动直流电压；
滤波电路是为了减少整流电路输出的单向脉动电压的脉动程度，使电压波形趋于平缓，变成较平滑的直流电压；
稳压电路是为了提高滤波之后输出电压的稳定程度，因为电网电压的变化和负载电流的变化都会引起输出电压的波动，要获得稳定的直流输出电压，使其不受电网电压波动及负载变化的影响，必须在滤波之后再加上稳压电路。

（1）整流电路通常是利用整流二极管的单相导电性来实现整流输出的。根据整流输出电压波形特点的不同，分为半波整流和全波整流两种类型，而桥式整流是全波整流电路的一种常用结构类型。半波整流电路与桥式整流电路如图 3-2-2 和图 3-2-3 所示。

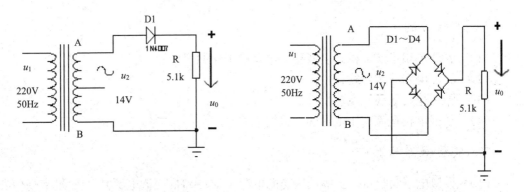

图 3-2-2　半波整流电路　　　　　　　　　　图 3-2-3　桥式整流电路

（2）滤波电路主要借助于储能元件如电容器和（或）电感器能够储存能量与释放能量的特性来实现的，因此根据所用滤波元件的不同可分为：电容滤波、电感滤波和复式滤波三类。电容滤波电路如图 3-2-4 所示。

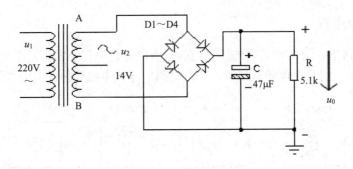

图 3-2-4　电容滤波电路

（3）构成单相直流稳压电源稳压电路的一种最简捷的电路形式就是由稳压管稳压电路构成的。一种最典型的单相直流稳压电源电路如图 3-2-5 所示。

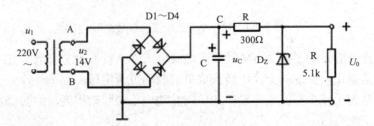

图 3-2-5　直流稳压电源电路

四、实验内容及步骤

（1）半波整流电路的测试。

按照图 3-2-6 所示的半波整流电路连线，A、B 两端分别接工频低压交流电源的"14 V"引出端和"0"电位端。用交流毫伏表测量有效值，将直流数字毫安表串联在电路中，将直流数字电压表并接在负载 5.1 kΩ 电阻器两端，用来测量整流后的输出电压和电流值并记录数据；用双踪示波器同时观察两波形并记录。

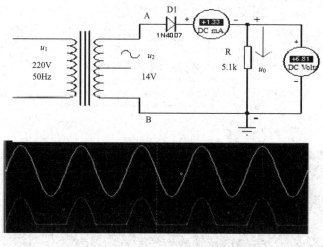

图 3-2-6　半波整流电路接线图及波形图

（2）全波（桥式）整流电路的测试。

按照图 3-2-7 所示电路，接成桥式整流电路，A、B 两端分别接工频低压交流电源的"14 V"引出端和"0"电位端。将直流数字毫安表串联在电路中，将直流数字电压表并接在负载 5.1 kΩ 电阻器两端，用来测量整流后的输出电压和电流值并记录数据；用双踪示波器同时观察两波形并记录。

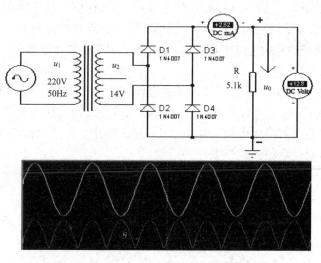

图 3-2-7　格式整流电路接线图及波形图

（3）桥式整流滤波电路的测试

按照图 3-2-8 所示电路，接成桥式整流滤波电路，电容量取为 47 μF，R 取值为 5.1 kΩ，A、B 两端分别接工频低压交流电源的"14 V"引出端和"0"电位端。用双踪示波器观察波形并用直流数毫安表和直流数字电压表测量电流及输出电压 U_0，记录数据。

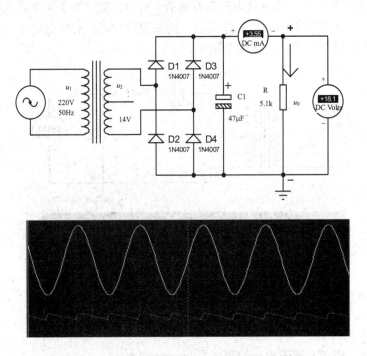

图 3-2-8　桥式整流滤波电路接线图及波形图

（4）桥式整流滤波稳压电路的测试。

用硅稳压二极管组成简单的并联型稳压电路，电阻器 R 一方面用来限制电流，使稳压管电流 I_Z 不超过允许值，另一方面还利用它两端电压的升降使输出电压 U_0 趋于稳定。稳压管反向并联在负载两端，工作在反向击穿区，由于稳压管反向特性陡直，即使流过稳压管的电流有较大变化，其两端的电压也基本保持不变。经电容滤波后的直流电压通过电阻器 R 和稳压管 VZ 组成的稳压电路接到负载上。这样，负载上得到的就是一个比较稳定的电压 U_0。

按照图 3-2-9 所示电路，接成完整的桥式整流滤波稳压电路。A、B 两端分别接工频低压交流电源的"14 V"引出端和"0"电位端。依次改变交流电压或负载的大小，用直流数毫安表和直流数字电压表测量电流、输出电压 U_0 及电阻器 R 两端的电压 U_R，观察有何变化并记录数据；用双踪示波器观察波形并记录。

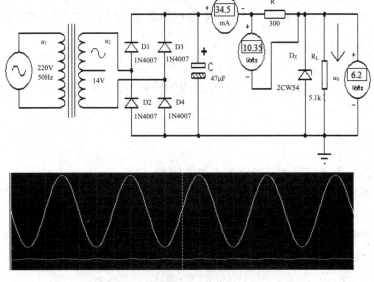

图 3-2-9 桥式整流滤波稳压电路及波形图

（5） 将所有的测量数据和波形记录在表 3-2-1 中。

表 3-2-1

测量项目 电路类别	u_2(V)	U_0(V)	I_L(mA)	U_R(V)	u_o(波形)
半波整流电路	14				
桥式整流电路	14				
桥式整流滤波电路	14				
桥式整流滤波 稳压电路	14				
桥式整流滤波 稳压电路	10				
桥式整流滤波 稳压电路	6				

五、实验报告

计算输出电压、电流的理论值，并将列表中的实测值与理论值（电压、电流、波形）相比较，分析产生误差的原因。

六、思考题

（1） 桥式整流电路中，加滤波电容器后输出波形有何变化？对平均输出电压值有何影响？

（2） 在桥式整流电路中，若有一支二极管反接或电解电容器的正负极反接，电路会出现什么问题？

（3）　在桥式整流电路实验中，能否用双踪示波器同时观察 U_2 和 U_0 的波形？

（4）　简述一下运用硅稳压管 D_Z 和限流电阻器 R 是如何能使桥式整流滤波电路起到稳压作用的。

实验三　单管共发射极放大电路

一、实验目的

（1）　理解分压式偏置电路稳定工作点的原理。

（2）　了解和初步掌握单管共发射极放大电路静态工作点的调整方法；学习根据测量数据计算电压放大倍数、输入电阻和输出电阻的方法。

（3）　观察静态工作点的变化对电压放大倍数和输出波形的影响。

（4）　进一步掌握双踪示波器、函数信号发生器、交流数字毫伏表及实验设备的使用方法。

二、实验主要仪器设备

（1）　模拟电子实验台（DZX—3 型）、±12V 直流稳压电源；

（2）　双踪示波器一台；

（3）　其他相关设备（模电实验小板）及导线。

三、实验原理及相关知识

1. 熟悉实验小板

单管/负反馈两级放大器实验小板如图 3-3-1 所示。

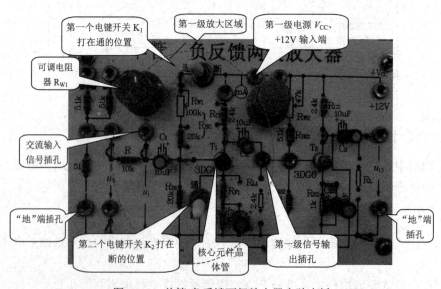

图 3-3-1　单管/负反馈两级放大器实验小板

2. 熟悉实验电路原理图

单管分压式共射极放大实验电路如图 3-3-2 所示。

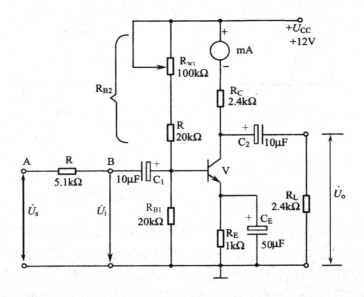

图 3-3-2　单管分压式共射极放大实验电路

上图为分压式共射极单管放大电路的实验电路图,它的偏置电路是采用 R_{B1} 和 R_{B2} 组成的分压电路,并在发射极中串接电阻 R_{E1},以稳定放大器的静态工作点。当放大器的输入端加入输入信号 u_i 后,在放大器的输出端就可得到一个与输入信号 u_i 相位相反,幅度被放大了的输出信号 u_o,从而实现了电压放大。

为了获得最大不失真输出电压,静态工作点应选在交流负载线的中点。为使静态工作点稳定,必须满足小信号条件。

（1）静态工作点可由下列关系式计算。

$$U_B = \frac{R_{B1}}{R_{B1} + R_{B2}}$$

$$I_E \approx I_C = \frac{U_B - U_{BE}}{R_E}$$

$$U_{CE} = U_{CC} - I_C(R_C + R_E)$$

（2）静态工作点的调试与测量

① 静态工作点的调试。

放大器静态工作点的调试是指对管子集电极电流 I_C（或 U_{CE}）的调整。通常多采用调节偏置电阻器 R_{B2} 的方法来改变静态工作点,如减小或增大 R_{B2}（调节 R_{W1} 实现）,则可使静态工作点上升或下降。

静态工作点是否合适,对放大器的性能和输出波形有很大的影响。若工作点偏高,放大器加入交流信号以后，输出电压 u_o 易产生饱和失真（即 u_o 波形的底部被削掉），如图 3-3-3（a）所示；若工作点偏低，放大器的输出电压 u_o 易产生截止失真（即 u_o 波形的顶部被削掉），一般截止失真不如饱和失真明显，如图 3-3-3（b）所示。

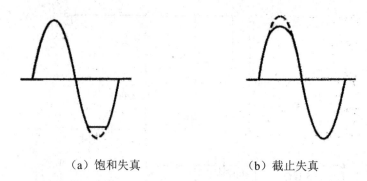

（a）饱和失真　　　　　（b）截止失真

图 3-3-3　静态工作点对输出电压（u_o）波形失真的影响

最后还需说明的是，上述所说的静态工作点"偏高"或"偏低"不是绝对的，应该是相对在放大器的输入端加入一定的输入电压信号 u_i 的幅度而言，如输入信号 u_i 幅度很小，即使工作点较高或较低，也不一定会出现失真。所以说，输出电压的波形失真，实际上是输入信号 u_i 的幅度与静态工作点设置不合理所致。我们直接用示波器观察输出电压波形是否失真，若产生失真，则应重新调节静态工作点的位置。如需满足较大信号幅度的要求，静态工作点最好尽量靠近交流负载线的中点。

② 静态工作点的测量。

当 $u_i=0$ 时，测量电压 U_B、U_E、U_C，然后算出 I_C。

$$I_C \approx I_E = \frac{U_E}{R_E} \text{ 或根据 } I_C = \frac{U_{CC} - U_C}{R_C}$$

由 U_C 确定 I_C。同时也能算出

$$U_{BE} = U_B - U_E, \quad U_{CE} = U_C - U_B。$$

（3） 动态指标的计算

电压放大倍数：

$$A_u = \frac{u_o}{u_i} = -\frac{\left|U_{0P\text{-}P}\right|}{\left|U_{iP\text{-}P}\right|}$$

式中负号表示输入、输出信号的相位相反。式中的输入 $U_{iP\text{-}P}$、输出 $U_{oP\text{-}P}$ 电压峰–峰值是根据示波器上的波形读出。

输入电阻值的计算：$R_i = \dfrac{U_i}{I_i} = R_{B1} \mathbin{/\mkern-5mu/} R_{B2} \mathbin{/\mkern-5mu/} r_{be}$，

输出电阻值的计算：$R_o = R_C$。

四、实验内容及步骤

1. 静态工作点的调试与测量

（1）打开直流稳压电源0~18 V（两路任选一组），将直流数字电压表的"＋"接0~18 V直流稳压电源的"＋"，表的"－"接稳压电源的"－"，调节稳压电源的调节旋钮，使直流数字电压表显示为+12 V（按下20 V挡）。

（2）把放大器上的第一个电键开关K_1打在"通"的位置，将+12 V的直流电源接入实验小板前，应先将实验板上的R_{W1}可调电阻器调到最大，然后再把+12 V引入到实验电路小板中的"第一级电源U_{CC}、+12 V输入端"接线端子上。

（3）接通+12 V电源（电源"+"极接电源U_{CC}、+12 V输入端，电源"－"极接"地"），然后将直流数字毫安表串联在第一级放大器的集电极之间，调节R_{W1}，使$I_C=2$ mA（按下20 mA挡，毫安表显示为2 mA，），即$U_E \approx 2.0V$，其直流毫安表的连线与调节方法如图3-3-4所示。

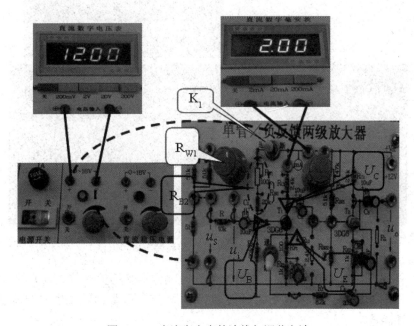

图3-3-4   直流毫安表的连线与调节方法

（4）选用量程合适的直流数字电压表（按下20 V挡）分别测出三极管3DG6的基极、发射极和集电集（U_B、U_E、U_C）的电压。断开第一个电键开关K_1后再用万用表"R×10k"挡，测量R_{B2}值，。并计算U_{CE}、U_{BE}和I_C值，记入到表3-3-1中。

表3-3-1

测量值				计算值		
$U_B(V)$	$U_E(V)$	$U_C(V)$	$R_{B2}(kΩ)$	$U_{CE}=U_C-U_E(V)$	$U_{BE}=U_B-U_E(V)$	$I_C=(U_{CC}-U_C)/R_C(mA)$

2. 电压放大倍数的测量

（1） 保持已调好的+12 V 直流电源不变。

（2） 开启频率计，测量开关拨到内侧；开启函数信号发生器，按下频段 f_3 或 f_4 按键，按下波形选择按键组的正弦波按键，按下衰减 40 dB 按键，调节频率调节旋钮，使频率计上显示为 1000 Hz 的正弦波信号，并调节函数信号发生器的幅度调节旋钮，使 u_i 的有效值为 10mV（用交流数字毫伏表进行测量，选择量程为 200 mV）。这时函数信号发生器的输出信号为 1 kHz10 mV 的正弦波信号。其交流数字毫伏表的连接与调节方法如图 3-3-5 所示。

图 3-3-5　交流数字毫伏表的连接与调节方法

（3） 将调好的1kHz10mV 的正弦波交流信号输到实验小板（放大器）的 u_i 处（即函数信号发生器的输出端与放大电路的输入端"u_i"相连，函数信号发生器的地端与放大电路的"地"端相连）。

（4） 用示波器观察放大器输出电压 u_o 波形，在波形不失真的条件下用交流数字毫伏表测量，当负载 $R_L = \infty$ 时，输出电压的值（选择量程为 2mV 或 20mV）。并用双踪示波器观察 u_o 和 u_i 的波形（相位关系），其连接方法如图 3-3-6 所示。

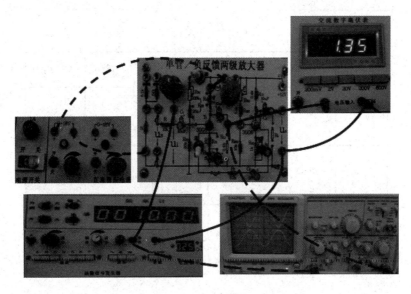

图 3-3-6　示波器的连接方法

（5）再用交流数字毫伏表测量当负载 R_L=2.4 kΩ时，输出电压的值（选择量程为 2 mV 或 20 mV）。2.4 kΩ电阻器可以用万用表电阻挡×1k 或×10k 在实验台上现有的电阻值为 10 kΩ的可变电阻器中调节出来，并连到放大器的输出端。把上述两种情况下的 u_o 值记入在表 3-3-2 中。

表 3-3-2

测试条件：I_C=2.0mA ，f =1kH$_z$ ，U_i =10mV					
R_C(kΩ)	R_L (kΩ)	U_i(mV)	U_O(mV)	A_u	观察记录一组 u_o 和 u_i 的波形（相位关系）
2.4	∞	10			u_i / u_o
	2.4	10			

3.　观察静态工作点对输出波形失真的影响

调节电位器 R_{W1}，观察静态工作点的变化对放大电路输出波形的影响：

（1）逆时针旋转电位器 R_{W1}，观察示波器上输出波形的变化，当波形失真时，观察波形的削顶情况；

（2）顺时针旋转电位器 R_{W1}，观察示波器上输出波形的变化，当波形失真时，观察波形的削底情况；

（3）根据观察到的两种失真情况，正确判断出哪个为截止失真，哪个是饱和失真。将你的测量数据记录在表 3-3-3 中。

表 3-3-3

测量值	I_C(mA)	U_{CE}(V)	输出波形 u_0(V)	管子工作情况	失真的原因
R_{W1} 合适			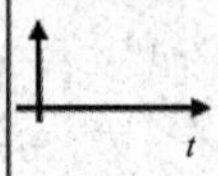		
R_{W1} 减小			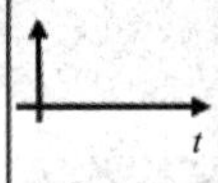		
R_{W1} 增大			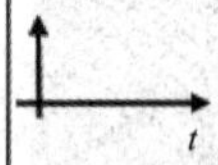		

注意：

测量 U_{CE} 时，要先将信号源输出旋钮旋至零（即使 $U_i = 0$）。

4. 最大不失真输出电压 U_{om} 的调试

令 $R_C = R_L$ =2.4kΩ，即将放大电路静态工作点设置于交流负载线的中点位置，然后逐渐增大输入信号幅值，同时调节电位器 R_{W1}，直至输出电压波形的峰顶与谷底同时出现"被削平"现象，然后只反复调节输入信号 u_i 幅值，使输出电压波形幅值 u_o 最大且无明显失真，此时对应的输出电压即为最大不失真输出电压 U_{om}，用交流数字毫伏表测量有关参数，完成表 3-3-4 所列的实验数据。

表 3-3-4

I_C（mA）	U_i（mV）	U_{om}（V）

五、实验报告要求

（1）列表整理测量结果，并把实测的静态工作点、电压放大倍数之值与理论计算值比较（取一组数据进行比较），分析产生误差原因；

（2）总结静态工作点对放大器电压放大倍数的影响；

（3）讨论静态工作点变化对放大器输出波形的影响；

（4）分析讨论在调试过程中出现的问题。

六、思考题

（1）电路中 C_1、C_2 的作用你了解吗？说一说。

（2）静态工作点偏高或偏低时对电路中的电压放大倍数有无影响？

（3）饱和失真和截止失真是怎样产生的？如果输出波形既出现饱和失真又出现截止

失真，是否说明静态工作点设置得不合理？为什么？

实验四　集成运算放大器的线性应用实验

一、实验目的

（1）　了解集成运算放大器芯片的结构与使用方法。
（2）　进一步巩固和理解集成运算放大器线性应用的基本运算电路构成及功能。
（3）　加深对线性状态下集成运算放大器工作特点的理解。

二、实验主要仪器设备

（1）　模拟电子实验台（±12 V 直流稳压电源、±5 V 可调直流信号源）。
（2）　集成运算放大器芯片 μA741　1 片。
（3）　电阻器、导线等若干。

三、实验原理及相关知识

1. 电路原理图

集成运算放大器线性应用实验的电路原理图如图 3-4-1 所示。

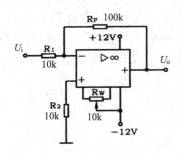

（a）反相比例运算电路

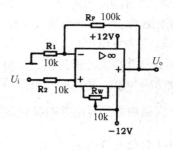

（b）同相比例运算电路

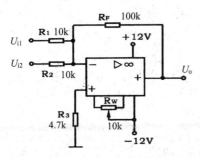

（c）反相加法运算电路

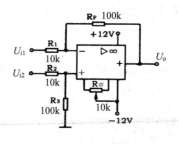

（d）减法运算电路

图 3-4-1　集成运算放大器线性应用实验的电路原理图

2. 集成运算放大器芯片（μA 741）管脚排列及其电路

集成运算放大器芯片（μA 741）管脚排列及其电路如图 3-4-2 所示。

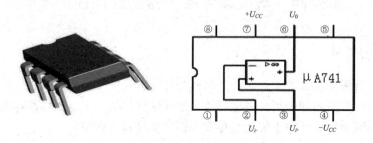

图 3-4-2　集成运算放大器芯片（μA 741）管脚排列及其电路

集成运算放大器（μA741）除了有同相、反相两个输入端，还有两个 ±12 V 的电源端，一个输出端，另外还留出外接大电阻器调零的两个端口，是多脚器件。

管脚②为运算放大器的反相输入端，管脚③为同相输入端，这两个输入端对于运算放大器的应用极为重要，实用中和实验时注意绝对不能接错。

管脚⑥为集成运算放大器的输出端，实用中与外接负载相连；实验时接示波器探针。

管脚①和管脚⑤是外接调零补偿电位器端，集成运算放大器的电路参数和晶体管特性不可能完全对称，因此，在实际应用当中，若输入信号为零而输出信号不为零时，就需调节管脚①和管脚⑤之间电位器 R_W 的数值，①脚与⑤脚—调零电位器接线端，分别接电位器 R_W 两固定端，中间滑动端接④脚，调至输入信号为零、输出信号也为零时方可。

管脚④又为负电源端，接 −12 V 电位；管脚⑦为正电源端，接 +12 V 电位，这两个管脚都是集成运算放大器的外接直流电源引入端，使用时不能接错，否则将会损坏集成块。

管脚⑧是空脚，使用时可以悬空处理。

3. 实验中各运算电路的参数设置及运用公式

图 3-4-1（a）：$U_O = -\dfrac{R_F}{R_1}U_i$，平衡电阻值 $R_2 = R_1 \mathbin{/\mkern-5mu/} R_F$；

图 3-4-1（b）：$U_O = \left(1 + \dfrac{R_F}{R_1}\right)U_i$，平衡电阻值 $R_2 = R_1 \mathbin{/\mkern-5mu/} R_F$；

图 3-4-1（c）：$U_O = -\left(\dfrac{R_F}{R_1}U_{i1} + \dfrac{R_F}{R_2}U_{i2}\right)$，$R_3 = R_1 \mathbin{/\mkern-5mu/} R_2 \mathbin{/\mkern-5mu/} R_F$；

若 $R_1 = R_2 = R_F$ 时，则有：$U_O = -(U_{i1} + U_{i2})$；

图 3-4-1（d），当 $R_1 = R_2$，$R_3 = R_F$ 时，则有：$U_O = \dfrac{R_F}{R_1}(U_{i2} - U_{i1})$；

若再有 $R_1 = R_2 = R_3 = R_F$ 时，则有：$U_O = (U_{i2} - U_{i1})$。

四、实验内容及步骤

（1）认识集成运算放大器（μA741）各管脚和电阻器的位置，集成运算放大器（μA741）各管脚和电阻器的位置如图3-4-3所示。

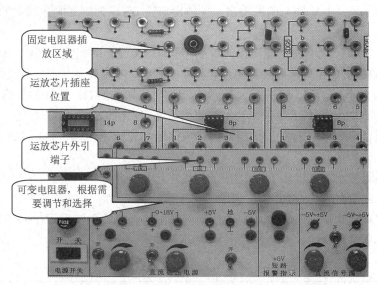

图3-4-3　集成运算放大器（μA741）各管脚和电阻器的位置

（2）先在实验台直流稳压电源处调出+12 V和−12 V两路芯片所需的工作电压，图3-4-4所示为直流稳压电压调节示意图。

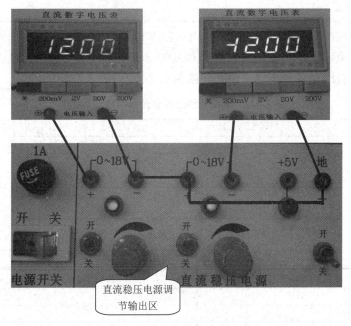

图3-4-4　直流稳压电压调节示意图

（3）将调好+12 V接入 μA741 芯片管脚⑦，−12 V接入管脚④，对于芯片接线时，切忌管脚位置不能插错，正、负电源极性不能接反等，否则将会损坏集成块。

（4）反相比例运算放大电路的测试步骤：

① 按照图 3-4-1（a）所示电路连线。连接完毕，首先调零，使输入信号为零（用连线把两个输入端 U_{i+} 和 U_{i-} 对地短路，即把②、③脚的输入端接地），然后调节调零电位器 R_W，用直流数字电压表（2 V 挡）监测输出，使输出电压 U_O 也为零（测量时表的+接⑥脚，表的"—"接地）。

② 电路调零后，即除去反相输入端 U_{i-} 对地的短接线，同相输入端 U_{i+} 仍然接地。

③ 测量数据时，在保持芯片的工作电压"±12 V"不能变的同时，用连线将直流信号源（−5V~+5V 选其中一路）连接到运算放大器的反相输入端 O，即②脚的输出端 U_i；

④然后调节直流信号源"−5V~+5V"的调节旋钮，使输入信号 U_i 按表 3-4-1 中的数据进行变化（用直流数字电压表 2 V 挡监测输入信号，表的+接直流信号源 −5V~+5V 端，表的"—"接"地"端）。

⑤再分别测量出输入电压 U_i 相对应的输出电压 U_O 的值（用直流数字电压表 20 V 挡监测输出信号，测量时表的+接⑥脚，表的"—"接地）。

⑥最后将测量数据记入表 3-4-1 中，验证输出是否对输入实现了比例运算，并与应用公式计算的结果进行比较，然后计算出 A_u 的值。

表 3-4-1 反相比例运算放大器的检测数据

U_i(V)		−0.1	−0.2	−0.3	−0.4	0.1	0.2	0.3	0.4
U_O (V)	实测值								
	计算值 $U_O = -\dfrac{R_F}{R_1} U_i$								
$A_u = \dfrac{U_O}{U_i}$(倍)									

（5）分别按照图 3-4-1（b）、图 3-4-1（c）和图 3-4-1（d）各实验电路连接，观测同相比例运算放大电路、反相加法运算电路和减法运算电路，认真分析这三个电路输出和输入之间的关系是否满足各种运算，逐一记录在表 3-4-2~表 3-4-4 中。

表 3-4-2 同相比例运算放大器的检测数据

U_i(V)		−0.1	−0.2	−0.3	−0.4	0.1	0.2	0.3	0.4
U_O (V)	实测值								
	计算值 $U_O = \left(1+\dfrac{R_F}{R_1}\right) U_i$								
$A_u = \dfrac{U_O}{U_i}$(倍)									

表 3-4-3 反相加法运算的检测数据

U_{i1} (V)		−0.1	−0.2	−0.3	−0.4	0.1	0.2	0.3	0.4
U_{i2} (V)		−0.1	−0.2	−0.3	−0.4	0.1	0.2	0.3	0.4
U_O (V)	实测值								
	计算值 $U_O = -\left(\dfrac{R_F}{R_1}\right)(U_{i1}+U_{i2})$								
$A_u = \dfrac{U_O}{(U_{i1}+U_{i2})}$(倍)									

表 3-4-4　减法运算的检测数据

U_{i1} (V)		−0.1	−0.2	−0.3	−0.4	0.1	0.2	0.3	0.4
U_{i2} (V)		−0.1	−0.2	−0.3	−0.4	0.1	0.2	0.3	0.4
U_O (V)	实测值								
	计算值 $U_O = -\left(\dfrac{R_F}{R_1}\right)(U_{i1}+U_{i2})$								
$A_u = \dfrac{U_O}{(U_{i1}+U_{i2})}$(倍)									

五、实验报告

（1）列表整理测量结果，分析实验数据与理论计算结果进行比较，分析产生误差的原因。

（2）实验思考题回答与实验体会。

六、思考题

（1）实验中为何要对电路预先调零？不调零对电路有什么影响？

（2）在比例运算电路中，R_F 和 R_1 的大小对电路输出有何影响？

实验五　数字电路面板简介及使用

一、实验目的

（1）认识 DZX—3 型数字电路实验面板的结构

（2）学习 DZX—3 型数字电路实验面板上常用设备的使用方法。

二、实验主要仪器设备

（1）DZX—3 型数字电路实验台

（2）导线若干

三、实验原理及数字电路实验台简介

观察实验台结构，熟悉各部分区域的功能，为今后使用实验台完成数字电路实验做准备。实验台各部分区域名称如图 3-5-1 所示。

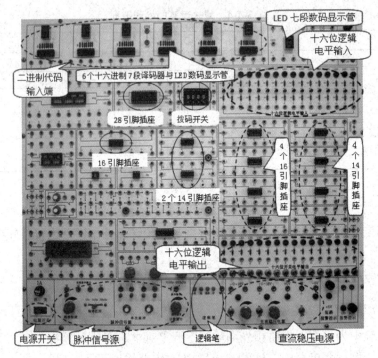

图 3-5-1　DZX—3 型数字电路实验台板面图

四、实验内容及步骤

1．脉冲信号源的测试

测试开始，脉冲信号源包括：连续脉冲信号、单次脉冲和计数脉冲。

（1）先打开实验台左侧的总电源开关；

（2）打开数字电路实验台上最下面一排左下脚的电源开关；

（3）打开数字电路实验台上最下面一排的±5 V 直流稳压电源的开关，这时各个输出插口即可输出相应的脉冲信号。

（4）在连续脉冲输出处，有三挡频率粗调供频率范围选择（1 Hz、1 kHz、20 kHz）。接通电源后，其输出口将输出连续的幅度为 3.5 V 的方波脉冲信号。用导线将 Q1 端与上 16 位逻辑电平输入端的任意一组插口连接，将输出频率范围调至 1 Hz，看到发光二极管每秒闪亮一次，逐渐调节频度细调旋钮，观察发光二极管的变化情况；依次连接 Q2、Q3、Q4，再调节频度细调旋钮，观察发光二极管的变化情况，对比一下它们之间有什么不同；当调至高频时（1 kHz 和 20 kHz），并调节细调旋钮，是否看到发光二极管恒亮（因为在高频时人的肉眼反应不出频率的变化）。测试连接方法如图 3-5-2 所示。测试结果记录在表 3-5-1 中。

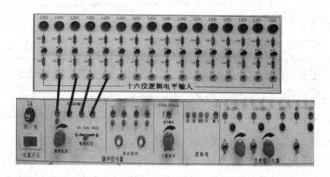

图 3-5-2　测试连接方法

表 3-5-1　将测试结果记录在下表中

频率范围	观察 LED 发光二极管的变化情况			
	Q_1	Q_2	Q_3	Q_4
1 Hz				
1 kHz				
20 kHz				

（5）　单次脉冲有两种输出方式，每按动一次单次脉冲按键，在其输出口 ⎍ 和 ⎎ 分别送出一个正、负单次脉冲信号。也就是说每按动一下，单次脉冲输出处提供由高电平到低电平，或由低电平到高电平的一个过程，如图 3-5-3 所示。

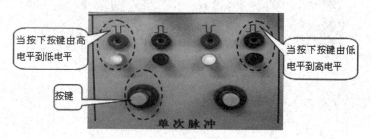

图 3-5-3　单次脉冲的输出方式

其测试连接方法如图 3-5-4 所示。接线好后按下按键，注意观察四个输出口 LED 发光二极管的显示变化情况。

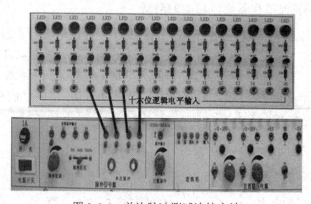

图 3-5-4　单次脉冲测试连接方法

将测试结果记录在表 3-5-2 中。

表 3-5-2

单次脉冲的两种输出形式	观察 LED 发光二极管的变化情况
⌐⎺⌐ （由低到高）	
⌐⎽⌐ （由高到低）	

（6）　计数脉冲能在很宽的范围内（频率 0.5 Hz～300 kHz）调节输出频率，是频率 0.5 Hz～300 kHz 连续可调的脉冲信号。用导线将脉冲输出端与上 16 位逻辑电平输入端的任意一组插口连接，并调节频率调节旋钮，注意观察 LED 发光二极管的显示变化情况。当调至高频时，是否看到发光二极管恒亮（因为在高频时人的肉眼反应不出频率的变化）。其测试连接方法如图 3-5-5 所示。

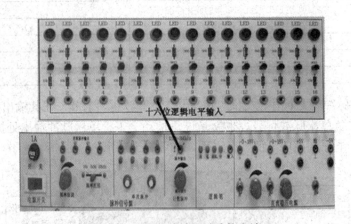

图 3-5-5　计数脉冲测试连接方法

将测试结果记录在表 3-5-3 中。

表 3-5-3

计数脉冲频率范围	观察 LED 发光二极管的显示变化情况
0.5 Hz～300 kHz	

2. 逻辑开关和发光二极管显示功能的测试

打开实验台上的电源开关，再将±5 V 直流稳压电源的逻辑开关打开，用连线一端插入发光二极管显示输入插孔，另一端插入逻辑开关的输出插孔，拨动逻辑开关，输出高电平时发光二极管亮，输出低电平时发光二极管灭。拨动逻辑开关观察结果，逻辑开关遵循正逻辑，即灯亮表示输出逻辑为 1，灯灭表示输出逻辑为 0；请同学们将 16 位发光二极管和逻辑开关都测试一遍看是否正常，测试连接方法如图 3-5-6 所示。

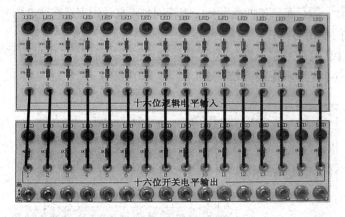

图 3-5-6　显示功能的测试连接方法

将测试结果记录在表 3-5-4 中。

表 3-5-4

测试内容	功能情况	逻辑电平与发光二极管是否遵循正逻辑
十六位开关电平输出		
十六位逻辑电平输入（LED）		

3. 逻辑笔功能的测试

逻辑笔功能的测试面板如图 3-5-7 所示。

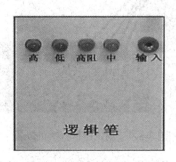

图 3-5-7　逻辑笔功能的测试面板

这是一支新型的逻辑笔，它是用可编程逻辑器件 GAL 设计而成的，具有显示五种功能的特点。逻辑笔是采用不同颜色的指示灯为表示数字电平高低的仪器，使用逻辑笔可快速测量出数字电路中有故障的芯片，它是测量数字电路中较简便的工具。只要开启＋5 V 直流稳压电源开关，用导线从"输入"口接出，导线的另一端可视为逻辑笔的笔尖，当笔尖点在电路中的某个测试点，面板上的四个指示灯即可显示出该点的逻辑状态，这只逻辑笔上有 4 只信号指示灯，用于提供以下 5 种逻辑状态指示。

（1）　红色发光二极管亮时，表示逻辑高电平；

（2）　绿色发光二极管亮时，表示逻辑低电平；

（3）　黄色发光二极管亮时，表示浮空或三态门的高阻抗状态；

（4）　橙色发光二极管亮时，表示逻辑中间电平；

（5） 如果红、绿、黄、橙四色发光二极管同时点亮，则表示有脉冲信号存在。

掌握逻辑笔的使用方法：

① 利用逻辑笔检查数字电路实验区芯片插座的各插孔与连接导线用的插孔间的通断情况；例如按图 3-5-8 所示连线方法测试。

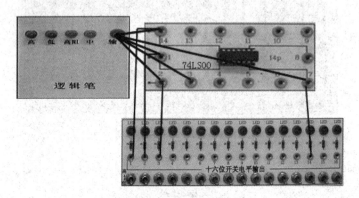

图 3-5-8　逻辑笔测试的连接方法

② 将逻辑笔接到十六位逻辑开关的输出插孔，测试逻辑开关的功能如图 3-5-9 所示。

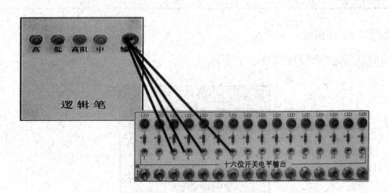

图 3-5-9　测试逻辑开关的功能

③ 再用逻辑笔测试实验台上所提供的连续脉冲信号，同时旋转频率调节旋钮，注意观察 4 只信号指示灯的变化情况，连续脉冲信号的观察方法如图 3-5-10 所示。

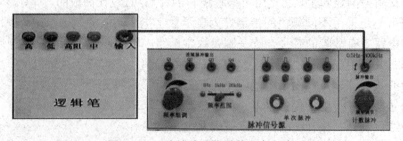

图 3-5-10　连续脉冲信号的观察方法

请同学们注意观察测试结果是否与上面所提供的 5 种逻辑状态一致。

将测试结果记录在表 3-5-5 中：

表 3-5-5

测试内容	开关向上拨时逻辑笔显示情况	开关向下拨时逻辑笔显示情况	调节频率旋钮观察逻辑信号灯的变化情况
芯片插座的各个插孔			
十六位开关电平输出			
连续脉冲信号（计数脉冲）			

4. 直流稳压电源的使用

找到两路可调 0～18 V 和不可调±5 V 直流稳压电源及直流数字电压表（在模拟电路实验台最上面一排）的位置。

① 接通实验台交流电源，打开任意一路直流稳压电源 0～18 V 的开关，调节 0～18 V 旋钮，用直流数字电压表的相应量程测量该电压最大值和最小值，接线方法如图 3-5-11 所示。然后将所测数据记录在表 3-5-6 中。

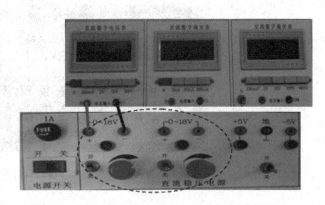

图 3-5-11　直流数字电压表接线方法

表 3-5-6

电压范围	最大值	最小值
0～18 V 直流稳压电源		

② 打开±5 V 直流稳压电源开关，用直流数字电压表的相应量程测量该电压的值，接线如图 3-5-12 所示。然后将所测数据记录在表 3-5-7 中。

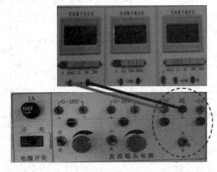
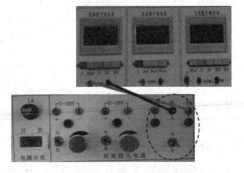

　（a）+5 V 对地测量电压连接图　　　　（b）-5 V 对地测量电压连接图

图 3-5-12　对地测量电压的连接图

表 3-5-7

电压范围	最大值	最小值
±5 V 直流稳压电源		

5. 测试 7 段译码器与共阴极 LED 数码管的显示功能

将 7 段译码器的 DCBA 端分别与"十六位开关电平输出"的任意 4 个逻辑开关相连接，按照下表顺序拨动电平开关为"0000～1001"，可观察 8421 码显示，即可顺序显示"0～9"。连接如图 3-5-13 所示。请同学们观察显示结果是否与表 3-5-8 所列的真值表结果相符。

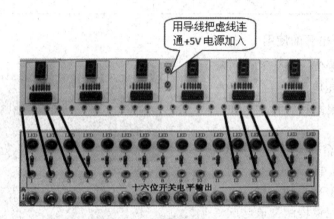

图 3-5-13　测试 7 段译码器的显示功能

表 3-5-8　7 段显示译码器真值表

输　入				输　出	数码管显示字形
D	C	B	A	a b c d e f g	
0	0	0	0	1 1 1 1 1 1 0	0
0	0	0	1	0 1 1 0 0 0 0	1
0	0	1	0	1 1 0 1 1 0 1	2
0	0	1	1	1 1 1 1 0 0 1	3
0	1	0	0	0 1 1 0 0 1 1	4
0	1	0	1	1 0 1 1 0 1 1	5
0	1	1	0	0 0 1 1 1 1 1	6
0	1	1	1	1 1 1 0 0 0 0	7
1	0	0	0	1 1 1 1 1 1 1	8
1	0	0	1	1 1 1 0 0 1 1	9

6. 拨码开关在编码中的应用

数字电子实验装置上带有拨码开关，如图 3-5-14 所示。

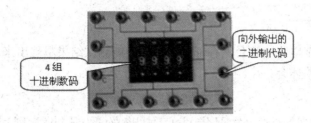

图 3-5-14　拨码开关

图中间四个 9 表示的数码为十进制数，点数字下面的"+"号，十进制数码依序加 1；点数字上面的"–"号，十进制数码依序减 1。这四个十进制数码各自通过内部的编码功能，分别向外引出四个接线端子 A、B、C、D（注意向外的引线连接的位置），而这四个字母又分别表示了与十进制数码相对应的二进制数构成的 BCD 码，这些 BCD 代码可以作为译码器的输入。

若将某位"拨码开关"的输出口 A、B、C、D 连接在"6 个十六进制 7 段译码器"中的其中一位译码显示的输入端口 A、B、C、D 处，当接通 +5 V 电源时，数码管将点亮显示出与拨码开关所指示一致的数字。连接方法如图 3-5-15 所示。请同学们将 4 组"拨码开关"和 6 个"七段显示译码器"都测试一遍，检测是否完好。

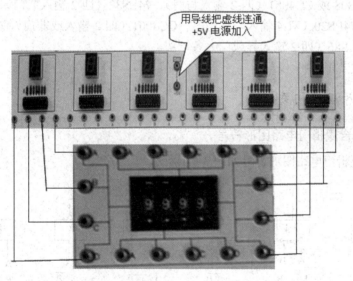

图 3-5-15　拨码开关的连接方法

将测试结果记录在表 3-5-9 中。

表 3-5-9

测试内容	数码管显示结果是否与拨码开关一致
左边（ABCD）	
右边（ABCD）	
上面（ABCD）	
下面（ABCD）	

五、实验报告

（1）请将数字电路实验台上各部分区域的功能测试结果整理出来。

（2）小结实验体会。

实验六　常用集成门电路的逻辑功能测试

一、实验目的

（1）认识各种组合逻辑门集成芯片及其各管脚功能的排列情况。

（2）初步掌握正确使用数字电路实验系统。

（3）进一步熟悉各种常用门电路的逻辑符号及逻辑功能。

（4）了解 TTL、CMOS 两种集成电路外引线排列的差别及标示识别。

二、实验主要仪器设备

（1）数字电子实验台（DZX—3 型）。

（2）74LS08 或 CC4081（四 2 输入与门）、74LS32（四 2 输入或门）、74LS00（四 2 输入与非门）、74LS20（双 4 输入与非门）、 CC4001（四 2 输入或非门）、74LS04（非门、六反相器）、74LS86（四 2 输入异或门）各一块。

（3）导线若干。

三、实验原理及相关知识

1. 常用组合逻辑门电路图形符号

常用组合逻辑门电路图形符号如图 3-6-1 所示。

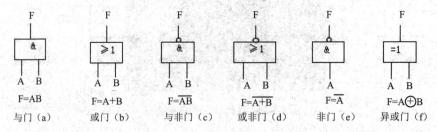

$F=AB$	$F=A+B$	$F=\overline{AB}$	$F=\overline{A+B}$	$F=\overline{A}$	$F=A\oplus B$
与门（a）	或门（b）	与非门（c）	或非门（d）	非门（e）	异或门（f）

图 3-6-1　常用组合逻辑门电路图形符号

2. 各种集成电路芯片管脚排列图

各种集成电路芯片管脚排列图如图 3-6-2 所示。

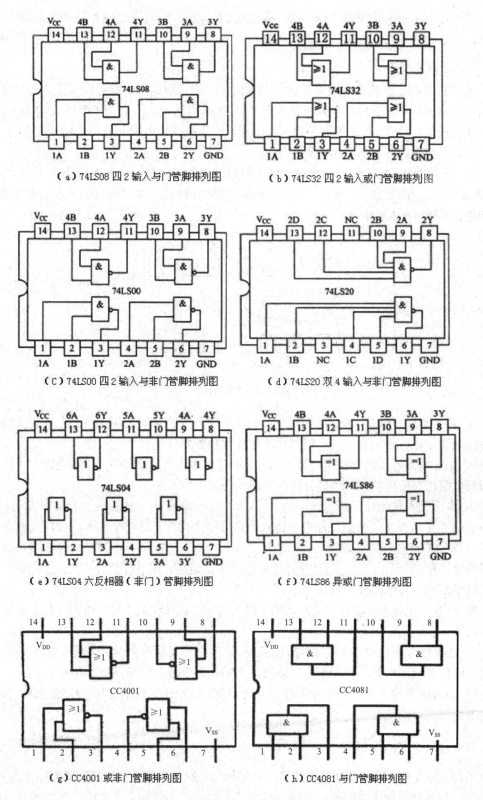

（a）74LS08 四2输入与门管脚排列图　　　　（b）74LS32 四2输入或门管脚排列图

（C）74LS00 四2输入与非门管脚排列图　　　（d）74LS20 双4输入与非门管脚排列图

（e）74LS04 六反相器（非门）管脚排列图　　（f）74LS86 异或门管脚排列图

（g）CC4001 或非门管脚排列图　　　　　　（h）CC4081 与门管脚排列图

图 3-6-2　各种集成电路芯片管脚排列图

管脚排列图中，凡前面带有 74LS 的均为 TTL 集成电路，CC40 系列的为 CMOS 集成电路，注意两种电路的管脚排列上的差异！

3. 实验注意事项

① TTL、CMOS 集成电路外引线排列：TTL 集成门电路外引脚分别对应逻辑符号图中的输入、输出端，对于标准双列直插式的 TTL 集成电路中，⑦脚为电源地（GND），⑭脚为电源正极（+5 V），其余管脚为输入和输出，若集成芯片引脚上的功能标号为 NC，则表示该引脚为空脚，与内部电路不连接。

② 外引脚的识别方法是：将集成块正面对准使用者，以凹口侧小标志点 "•" 为起始脚①，逆时针方向前数①，②，③，…，N 脚，使用时根据功能查找 IC 手册，即可知各管脚功能。如图 3-6-3 所示。

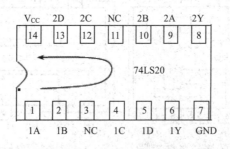

图 3-6-3 外引脚的识别方法

③ TTL 电路（OC 门和三态门除外）的输出端不允许并联使用，也不允许直接与+5 V 电源或地线相连，否则将会使电路的逻辑混乱并损害器件。

④ TTL 电路输入端外接电阻器要慎重，要考虑输入端负载特性。针对逻辑门不同对外电阻器电阻值有特别要求，否则会影响电路的正常工作。

⑤ 多余输入端的处理，输入端可以串入一个 1～10 kΩ 的电阻器或直接接在大于+2.4 V 和小于+4.5 V 电源上，来获得高电平输入，直接接 "地" 为低电平输入。或门及或非门等 TTL 电路的多余输入端不能悬空，只能接 "地"。与门、与非门等 TTL 电路的多余输入端可以悬空（相当于高电平），但悬空时对地呈现阻抗很高，容易受到外界干扰，因此，可将它们接电源或与其他输入并联使用。

⑥ 严禁带电操作，应该在电路切断电源的时候，拔插集成电路，否则容易引起集成电路的损坏。

⑦ CMOS 集成电路的正电源端 V_{DD} 接电源正极，V_{SS} 接电源负极（通常接地），不允许反接。同样在装接电路，拔插集成电路时，必须切断电源，严禁带电操作。

⑧ CMOS 集成电路多余的输入端不允许悬空，应按逻辑要求处理接电源或地，否则将会使电路的逻辑混乱并损害器件。

四、实验内容及步骤

（1）在数字电子实验台上找到相应的逻辑门电路 14P 插座，再找到所要测试的芯片。（注意：如需更换集成电路芯片，插入时注意管脚位置不能插反，否则会造成集成电路烧损的事故）。

（2） 由于电路芯片上一般集成多个门，测试功能时需将所有的门都测试一遍。注意同一个逻辑门的标号应相同，不允许张冠李戴。

（3） 集成电路芯片上逻辑门的输入 A、B 应接于十六位开关电平输出，如图 3-6-4 所示。

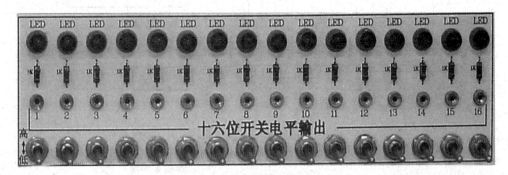

图 3-6-4　十六位开关电平输出

当电键打向上时输出为高电平"1"，电键打向下时，则为低电平"0"，输出的逻辑电平作为逻辑门电路的输入信号。

（4） 让待测逻辑门的输出端与 LED 十六位逻辑电平输入相连，如图 3-6-5 所示。

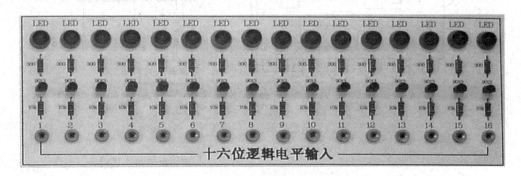

图 3-6-5　十六位逻辑电平输入

把待测门电路的输出端子插入逻辑电平输入的任意一个插孔内，当输出为高电平"1"时插孔上面的 LED 发光二极管亮；如果输出为低电平"0"，插孔上面的 LED 发光二极管不亮。

（5） 输入、输出全部连接完毕后，把芯片上的⑦脚接"地"端与电源"地"相连，⑭脚与"+5 V"直流电源相连。这时才能验证逻辑门的功能（例如以 74LS08 与门为例）：

① 输入端 A 和 B 均输入低电平"0"，观察输出发光管的情况，记录下来；

② A 输入"0"、B 输入"1"，观察输出发光管情况，记录下来；

③ A 输入"1"、B 输入"0"，观察输出发光管情况，记录下来；

④ A 输入"1"、B 输入"1"，观察输出发光管情况，记录下来。

根据检测结果得出结论，与门功能为"有 0 出 0，全 1 出 1"。

以下是部分门电路测试的接线方法，如图 3-6-6～图 3-6-9 所示。

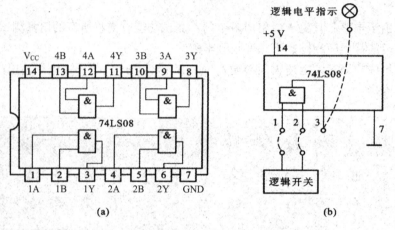

图 3-6-6　与门管脚排列图及与门逻辑功能测试接线图

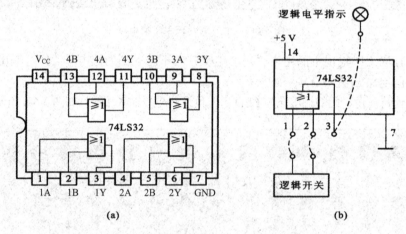

图 3-6-7　或门管脚排列图及或门逻辑功能测试接线图

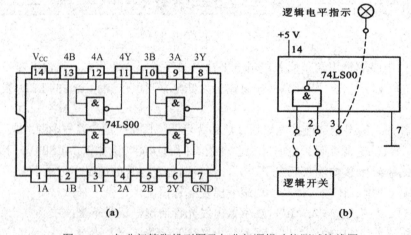

图 3-6-8　与非门管脚排列图及与非门逻辑功能测试接线图

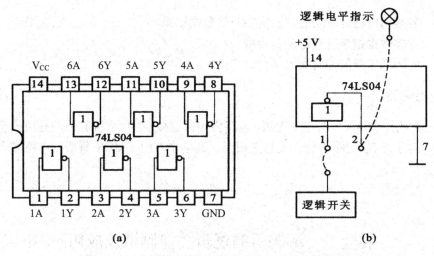

图 3-6-9　非门管脚排列图及非门逻辑功能测试接线图

（6）　表 3-6-1～表 3-6-3 中各逻辑门的功能测试均按上述要求检测，逐个得出结论，并填写入表中。

表 3-6-1

输　入		输　出			
		74LS08 与门	74LS32 或门	74LS00 与非门	CC4001 或非门
A	B	$Y=AB$	$Y=A+B$	$Y=\overline{A\,B}$	$Y=\overline{A+B}$
0	0				
0	1				
1	0				
1	1				

表 3-6-2

输　入	输　出	输　入		输　出
	74LS04 非门			74LS86 异或门
A	$Y=\overline{A}$	A	B	$F=A\oplus B$
0		0	0	
1		0	1	
		1	0	
		1	1	

— 105 —

五、实验报告

（1） 各类门电路逻辑功能测试实验原始数据记录。

（2） 实验数据结果与理论是否相符。

（3） 实验思考题回答与实验体会。

六、思考题

（1） 欲使一个异或门实现非逻辑，电路将如何连接，为什么说异或门是可控反相器？

（2） 对于 TTL 电路为什么说悬空相当于高电平？而 CMOS 集成门电路多余端为什么不能悬空？

（3） 你能用两个与非门实现与门功能吗？

实验七　编码器的逻辑功能测试及应用

一、实验目的

（1） 掌握 8 线—3 线优先编码器 74LS148 和 10 线—4 线优先编码器 74LS147 的逻辑功能测试。

（2） 掌握优先编码器 74LS148 的扩展应用。

二、实验主要仪器设备

（1） 数字电子实验装置（DZX—3 型），直流稳压电源（+5 V）。

（2） 74LS148，2 片；74LS147，1 片；74LS00，1 片；74LS04，1 片。

（3） 导线若干。

三、实验原理及相关知识

编码器是一种常用的组合逻辑电路，其功能就是实现编码操作的电路，即实现用若干个按规律编排的数码代表某种特定的含义，它是译码器的逆过程。按照被编码信号的不同特点和要求，目前经常使用的编码器有普通编码器和优先编码器两类。

1．普通编码器

最常用的是二进制编码器，如用门电路构成的 4 线—2 线编码器、8 线—3 线编码器等。

2．优先编码器

如 8 线—3 线优先编码器 74LS148 和 10 线—4 线（二 - 十进制编码器、简称 BCD 码）优先编码器 74LS147 等。

（1） 8 线—3 线优先编码器 74LS148 的引脚排列图如图 3-7-1 所示，其真值表如表 3-7-1 所列。

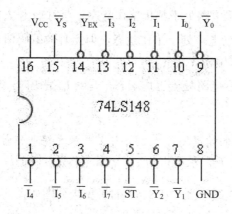

图 3-7-1　编码器 74LS148 引脚排列图

表 3-7-1　编码器 74LS148 的真值表

输　入									输　出				
$\overline{ST}$	$\overline{I_0}$	$\overline{I_1}$	$\overline{I_2}$	$\overline{I_3}$	$\overline{I_4}$	$\overline{I_5}$	$\overline{I_6}$	$\overline{I_7}$	$\overline{Y_2}$	$\overline{Y_1}$	$\overline{Y_0}$	$\overline{Y_{EX}}$	$\overline{Y_S}$
1	×	×	×	×	×	×	×	×	1	1	1	1	1
0	1	1	1	1	1	1	1	1	1	1	1	1	0
0	×	×	×	×	×	×	×	0	0	0	0	0	1
0	×	×	×	×	×	×	0	1	0	0	1	0	1
0	×	×	×	×	×	0	1	1	0	1	0	0	1
0	×	×	×	×	0	1	1	1	0	1	1	0	1
0	×	×	×	0	1	1	1	1	1	0	0	0	1
0	×	×	0	1	1	1	1	1	1	0	1	0	1
0	×	0	1	1	1	1	1	1	1	1	0	0	1
0	0	1	1	1	1	1	1	1	1	1	1	0	1

编码器 74LS148 是 16 个引脚的集成芯片，它各引脚功能介绍如下：

① $\overline{I_7}\sim\overline{I_0}$ 为 8 个编码输入端，低电平有效；$\overline{Y_2}\sim\overline{Y_0}$ 为 3 个编码输出端，采用反码形式输出。$\overline{ST}$、$\overline{Y_S}$、$\overline{Y_{EX}}$ 均为使能端。

② $\overline{ST}$ 为选通输入端，是编码器的工作标志；$\overline{Y_S}$ 为选通输出端；$\overline{Y_{EX}}$ 是扩展输出端。$\overline{ST}$、$\overline{Y_S}$、$\overline{Y_{EX}}$ 这 3 个使能端可用于集成芯片的功能扩展。

③ 当 $\overline{ST}$ =1 时，禁止编码器工作，此时无论 8 个输入端为何种状态（表中用×表示），3 个输出端均为高电平。

④ 当 $\overline{ST}$ =0 时，允许编码器工作，若有输入信号则按优先级别编码。编码器的 8 个输入信号 $\overline{I_7}\sim\overline{I_0}$ 中，$\overline{I_7}$ 的优先级别最高，$\overline{I_0}$ 的优先级别最低。当 $\overline{I_7}$ =0 时，无论其他输入端有无输入信号（表中以×表示），输出端只给出 $\overline{I_7}$ 的编码，输出相应的代码 $\overline{Y_2Y_1Y_0}$ =000（反码输出）；当 $\overline{I_7}$ =1，$\overline{I_6}$ =0 时，无论其余输入端有无输入信号，只 $\overline{I_6}$ 对编码，输出相应的编码 $\overline{Y_2Y_1Y_0}$ =001，依此类推。其余的输入状态请自行分析。

⑤ 当功能表中出现三种 $\overline{Y_2Y_1Y_0}$ =111 的情况时，可以用 $\overline{Y_S}$、$\overline{Y_{EX}}$ 的不同状态来区分电路的下面这三种工作情况：

当 $\overline{Y}_{EX}\overline{Y}_S$ =11 时，表示电路处于禁止工作状态，这时输出 $\overline{Y_2Y_1Y_0}$ =111。

当 $\overline{Y}_{EX}\overline{Y}_S$ =10 时，表示电路处于工作状态，但无有效编码信号（即当 $\overline{ST}$ =0 时，其他输入端 $\overline{I_7}$~$\overline{I_0}$ 均为 1），这时输出 $\overline{Y_2Y_1Y_0}$ =111。

当 $\overline{Y}_{EX}\overline{Y}_S$ =01 时，表示电路处于工作状态，是对 $\overline{I_0}$ 编码时，输出 $\overline{Y_2Y_1Y_0}$ =111。

注意：

当 $\overline{ST}$ =0，在允许编码的情况下，第（1）片芯片又无编码信号输入时 $\overline{Y}_S$ =0，而 $\overline{Y}_{EX}$ =1。在 $\overline{ST}$ =0 时，选通输出端 $\overline{Y}_S$ 和扩展输出端 $\overline{Y}_{EX}$ 的信号总是相反的。

（2） 10 线—4 线优先编码器 74LS147 的引脚排列图如图 3-7-2 所示，其真值表如表 3-7-2 所列。

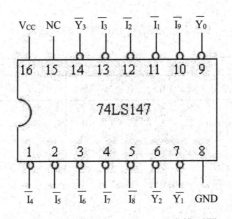

图 3-7-2　编码器 74LS147 引脚排列图

表 3-7-2　编码器 74LS147 的真值表

输　入									输　出			
$\overline{I_1}$	$\overline{I_2}$	$\overline{I_3}$	$\overline{I_4}$	$\overline{I_5}$	$\overline{I_6}$	$\overline{I_7}$	$\overline{I_8}$	$\overline{I_9}$	$\overline{Y_3}$	$\overline{Y_2}$	$\overline{Y_1}$	$\overline{Y_0}$
1	1	1	1	1	1	1	1	1	1	1	1	1
×	×	×	×	×	×	×	×	0	0	1	1	0
×	×	×	×	×	×	×	0	1	0	1	1	1
×	×	×	×	×	×	0	1	1	1	0	0	0
×	×	×	×	×	0	1	1	1	1	0	0	1
×	×	×	×	0	1	1	1	1	1	0	1	0
×	×	×	0	1	1	1	1	1	1	0	1	1
×	×	0	1	1	1	1	1	1	1	1	0	0
×	0	1	1	1	1	1	1	1	1	1	0	1
0	1	1	1	1	1	1	1	1	1	1	1	0

编码器 74LS147 各引脚功能介绍：

① $\overline{I_9}$ ~ $\overline{I_1}$ 是 9 个信号输入端，输入信号为低电平有效，"0"表示有编码信号，"1"表示没有编码信号；优先级别最高的是 $\overline{I_9}$，其他依次降低，$\overline{I_1}$ 的优先级别最低；

② $\overline{Y_3}$ ~ $\overline{Y_0}$ 是 4 位编码输出端，8421BCD 码，采用反码形式输出（即低电平有效）。

③ $\overline{I_0}$ 为无输入端，当无编码请求时，即 $\overline{I_9} \sim \overline{I_1}$ 输入全为高电平时，输出也全为高电平，此时相当于对 $\overline{I_0}$ 进行编码。

四、实验内容及步骤

1. 8 线—3 线优先编码器 74LS148 的逻辑功能测试

（1）将"+5 V"电压接到芯片引脚 16 上，将电源的"地"接到芯片的引脚 8 上。

（2）将编码器 74LS148 的 8 个输入端 $\overline{I_7} \sim \overline{I_0}$、选通输入端 $\overline{ST}$ 分别用跳线接到实验板上的十六位逻辑电平输出开关上。

（3）将编码器的 3 个输出端 $\overline{Y_2}\,\overline{Y_1}\,\overline{Y_0}$、选通输出端 $\overline{Y_S}$ 和扩展输出端 $\overline{Y_{EX}}$ 分别用跳线接到实验板上的十六位逻辑电平输入 LED 指示灯上。

（4）请根据下表所示的条件来输入开关状态，观察并记录编码器输出状态。然后与"表 3-7-3"相对照结果是否一致。测试电路接线图如图 3-7-3 所示。

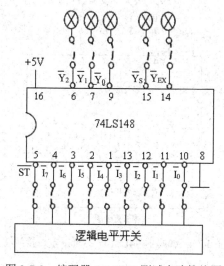

图 3-7-3 编码器 74LS148 测试电路接线图

表 3-7-3 编码器 74LS148 功能测试

输　入									输　出				
$\overline{ST}$	$\overline{I_0}$	$\overline{I_1}$	$\overline{I_2}$	$\overline{I_3}$	$\overline{I_4}$	$\overline{I_5}$	$\overline{I_6}$	$\overline{I_7}$	$\overline{Y_2}$	$\overline{Y_1}$	$\overline{Y_0}$	$\overline{Y_{EX}}$	$\overline{Y_S}$
1	×	×	×	×	×	×	×	×					
0	1	1	1	1	1	1	1	1					
0	×	×	×	×	×	×	×	0					
0	×	×	×	×	×	×	0	1					
0	×	×	×	×	×	0	1	1					
0	×	×	×	×	0	1	1	1					
0	×	×	×	0	1	1	1	1					
0	×	×	0	1	1	1	1	1					
0	×	0	1	1	1	1	1	1					
0	0	1	1	1	1	1	1	1					

2. 10线—4线优先编码器 74LS147 的逻辑功能测试

（1）将"+5 V"电压接到芯片引脚⑯上，将电源的"地"接到芯片的引脚⑧上。

（2）将编码器 74LS147 的 9 个输入端 $\overline{I_9} \sim \overline{I_1}$ 分别用跳线接到实验板上的十六位逻辑电平输出开关。

（3）将编码器的 4 个输出端 $\overline{Y_3} \sim \overline{Y_0}$ 分别用跳线接到实验板上的十六位逻辑电平输入 LED 指示灯上。

（4）将 9 个输入端 $\overline{I_9} \sim \overline{I_1}$ 全部打到高电位端，检查线路连接无误后接通电源，4 个输出端 $\overline{Y_3} \sim \overline{Y_0}$ 的 LED 灯应全亮。

（5）将编码器的 9 个输入端 $\overline{I_9} \sim \overline{I_1}$ 逐个打到低电位，输出 $\overline{Y_3} \sim \overline{Y_0}$ 显示应为优先级别高的 8421BCD 码的反码，将测试结果记入表 3-7-4 中。测试电路接线图如图 3-7-4 所示。

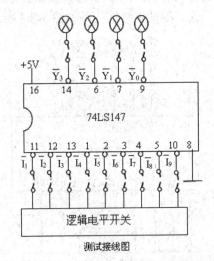

图 3-7-4　编码器 74LS147 的测试电路接线图

表 3-7-3　编码器 74LS147 功能测试

输　入									输　出			
$\overline{I_1}$	$\overline{I_2}$	$\overline{I_3}$	$\overline{I_4}$	$\overline{I_5}$	$\overline{I_6}$	$\overline{I_7}$	$\overline{I_8}$	$\overline{I_9}$	$\overline{Y_3}$	$\overline{Y_2}$	$\overline{Y_1}$	$\overline{Y_0}$
1	1	1	1	1	1	1	1	1				
×	×	×	×	×	×	×	×	0				
×	×	×	×	×	×	×	0	1				
×	×	×	×	×	×	0	1	1				
×	×	×	×	×	0	1	1	1				
×	×	×	×	0	1	1	1	1				
×	×	×	0	1	1	1	1	1				
×	×	0	1	1	1	1	1	1				
×	0	1	1	1	1	1	1	1				
0	1	1	1	1	1	1	1	1				

3. 8线—3线优先编码器74LS148的扩展应用

试用两片74LS148接成16线—4线优先编码器，将$\bar{I}_{15} \sim \bar{I}_0$ 16个低电平输入信号编为0000～1111，16个4位二进制代码，其中$\bar{I}_{15}$优先权最高，$\bar{I}_0$的优先权最低。由于每片74LS148只有8个编码输入，所以将16个输入信号分别接到两片上。说明如下：

（1）现将$\bar{I}_{15} \sim \bar{I}_8$ 8个优先权高的输入信号接到第（1）片的$\bar{I}_7 \sim \bar{I}_0$输入端，而将$\bar{I}_7 \sim \bar{I}_0$ 8个优先权低的输入信号接到第（2）片的$\bar{I}_7 \sim \bar{I}_0$。

（2）按照优先顺序的要求，只有$\bar{I}_{15} \sim \bar{I}_8$均无输入信号时，才允许$\bar{I}_7 \sim \bar{I}_0$的输入信号编码。因此，只要将第（1）片的"无编码信号输入"信号$\bar{Y}_S$作为第（2）片的选通输入信号$\overline{ST}$就行了。

（3）当第（1）片有编码信号输入时，它的$\bar{Y}_{EX}=0$，无编码信号输入时$\bar{Y}_{EX}=1$，正好可以用它作为输出编码的第四位，以区分8个高优先权输入信号和8个低优先权输入信号的编码。

（4）依照上面的说明，便可以得到用两片74LS148串行扩展实现16线—4线优先编码器的逻辑图，如图3-7-5所示。

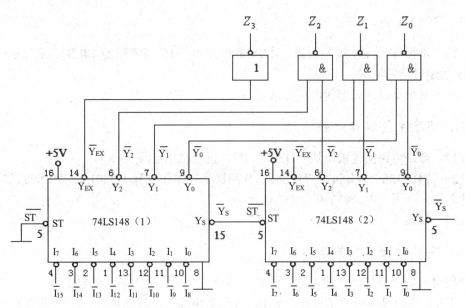

图3-7-5　编码器74LS148串行扩展逻辑图

分析电路：

（1）当$\bar{I}_{15} \sim \bar{I}_8$中任何一输入端为低电平时，例如$\bar{I}_{11}=0$，则片（1）的$\bar{Y}_{EX}=0$，$Z_3=1$，$\overline{Y_2 Y_1 Y_0}=100$。同时片（1）的$\bar{Y}_S=1$，将片（2）封锁，使它的输出$\overline{Y_2 Y_1 Y_0}=111$。于是在最后的输出端得到$Z_3 Z_2 Z_1 Z_0=1011$。如果$\bar{I}_{15} \sim \bar{I}_8$中同时有几个输入端为低电平，则只对其中优先权最高的一个信号编码。

（2）当$\bar{I}_{15} \sim \bar{I}_8$全部为高电平（即没有编码输入信号）时，片（1）的$\bar{Y}_S=0$，故片（2）的$\overline{ST}=0$，处于编码工作状态，对$\bar{I}_7 \sim \bar{I}_0$输入的低电平信号中优先权最高的一个进行编码。

例如 $\overline{A_5}$=0, 则片（2）的 $\overline{Y_2Y_1Y_0}$=010。而此时片（1）的 $\overline{Y}_{EX}$=1, Z_3=0。片（1）的 $\overline{Y_2Y_1Y_0}$=111。于是在输出得到 $Z_3Z_2Z_1Z_0$=0101。

请同学们按上图连接进行测试，并自拟表格记录测试结果。

五、实验报告

（1）将实验测试数据整理出来，填入相应的表格中。

（2）简述编码器 74LS147 和 74LS148 的工作原理，小结实验体会。

六、思考题

在需要使用普通编码器的场合能否用优先编码器取代普通编码器？在需要使用优先编码器的场合能否用普通编码器取代优先编码器？

实验八　译码器的逻辑功能测试及应用

一、实验目的

（1）掌握 3 线—8 线译码器 74LS138 和 4 线—10 线译码器 74LS42 及显示译码器 74LS48 的逻辑功能测试。

（2）掌握集成译码器的应用方法。

二、实验主要仪器设备

（1）数字电路实验板 1 块（DZX-3 型），直流稳压电源（+5 V）。

（2）74LS138、74LS42、74LS48、共阴极半导体数码管 BS201A、74LS00、74LS20 各 1 片。

（3）导线若干。

三、实验原理及相关知识

译码逻辑功能是将每个输入的二进制代码译成对应的输出高、低电平信号或另外一个代码。因此，译码是编码的逆过程。常用的译码器电路有二进制译码、二–十进制译码器和显示译码器三类。

1. 集成 3 线—8 线译码器 74LS138

集成 3 线—8 线译码器 74LS138 的引脚排列图如图 3-8-1 所示，其真值表如表 3-8-1 所列。74LS138 引脚功能介绍：

（1）A_2、A_1、A_0 为二进制译码输入端，$\overline{Y}_7 \sim \overline{Y}_0$ 为译码输出端（低电平输出）S_1、$\overline{S}_2$ 和 $\overline{S}_3$ 为附加的控制端。

（2）当 S_1=1、$\overline{S}_2+\overline{S}_3$=0 时，译码器处于译码状态；否则，译码器被禁止，所有的输出端被封锁在高电平。

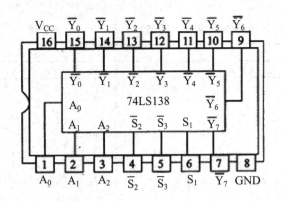

图 3-8-1 译码器 74LS138 的引脚排列图

表 3-8-1 3 线—8 线译码器 74LS138 真值表

输 入			输 出								备注
S_1	$\overline{S}_2+\overline{S}_3$	A_2 A_1 A_0	$\overline{Y}_0$	$\overline{Y}_1$	$\overline{Y}_2$	$\overline{Y}_3$	$\overline{Y}_4$	$\overline{Y}_5$	$\overline{Y}_6$	$\overline{Y}_7$	
0	×	× × ×	1	1	1	1	1	1	1	1	
×	1	× × ×	1	1	1	1	1	1	1	1	不工作
1	0	0 0 0	0	1	1	1	1	1	1	1	
1	0	0 0 1	1	0	1	1	1	1	1	1	
1	0	0 1 0	1	1	0	1	1	1	1	1	
1	0	0 1 1	1	1	1	0	1	1	1	1	
1	0	1 0 0	1	1	1	1	0	1	1	1	工作
1	0	1 0 1	1	1	1	1	1	0	1	1	
1	0	1 1 0	1	1	1	1	1	1	0	1	
1	0	1 1 1	1	1	1	1	1	1	1	0	

2. 集成 4 线—10 线译码器（二-十进制译码器）74LS42

集成 4 线—10 线译码器（二-十进制译码器）74LS42 的引脚排列图如图 3-8-2 所示，其真值表如表 3-8-2 所列。

74LS42 引脚功能介绍：

（1）由下面的真值表可看出，该译码器有 4 个输入端 A_3、A_2、A_1、A_0，并按 8421BCD 码输入数据。它有 10 个输出端 $\overline{Y}_9 \sim \overline{Y}_0$，分别与十进制数 0～9 相对应，低电平有效。对于某个 8421BCD 码的输入相应的输出端为低电平，其他输出端为高电平。

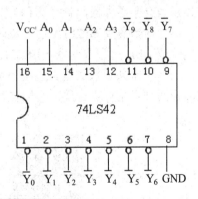

图 3-8-2 译码器 74LS42 的引脚排列图

（2）对于 BCD 代码以外的伪码（即 1010～1111 6 个代码），$\overline{Y}_9 \sim \overline{Y}_0$ 均无低电平信号产生，译码器拒绝"翻译"，所以这个电路结构具有拒绝伪码的功能。

表 3-8-2　4 线—10 线译码器 74LS42 真值表

序号	输入 A_3	A_2	A_1	A_0	输出 $\overline{Y}_0$	$\overline{Y}_1$	$\overline{Y}_2$	$\overline{Y}_3$	$\overline{Y}_4$	$\overline{Y}_5$	$\overline{Y}_6$	$\overline{Y}_7$	$\overline{Y}_8$	$\overline{Y}_9$
0	0	0	0	0	0	1	1	1	1	1	1	1	1	1
1	0	0	0	1	1	0	1	1	1	1	1	1	1	1
2	0	0	1	0	1	1	0	1	1	1	1	1	1	1
3	0	0	1	1	1	1	1	0	1	1	1	1	1	1
4	0	1	0	0	1	1	1	1	0	1	1	1	1	1
5	0	1	0	1	1	1	1	1	1	0	1	1	1	1
6	0	1	1	0	1	1	1	1	1	1	0	1	1	1
7	0	1	1	1	1	1	1	1	1	1	1	0	1	1
8	1	0	0	0	1	1	1	1	1	1	1	1	0	1
9	1	0	0	1	1	1	1	1	1	1	1	1	1	0
伪	1	0	1	0	1	1	1	1	1	1	1	1	1	1
	1	0	1	1	1	1	1	1	1	1	1	1	1	1
伪	1	1	0	0	1	1	1	1	1	1	1	1	1	1
	1	1	0	1	1	1	1	1	1	1	1	1	1	1
码	1	1	1	0	1	1	1	1	1	1	1	1	1	1
	1	1	1	1	1	1	1	1	1	1	1	1	1	1

3. 显示译码器

数字系统中不仅需要译码，而且还需要使用显示译码器将 BCD 代码译成数码管所需要的驱动信号，以便使数码管用十进制数字显示出 BCD 代码所表示的数值，供人们读取。这种用来驱动各种显示器件，从而将用二进制代码表示的数字、文字、符号翻译成人们习惯的形式直观地显示出来的电路，称为显示译码器。

（1）七段字符显示器。

为了能以十进制数码管直观地显示数字系统的运行数据，目前广泛使用了七段字符显示器，或称为七段数码管。这种字符显示器由七段可发光的线段拼合而成。常见的七段字符显示器有半导体数码管（简称 LED）和液晶显示器（简称 LCD）两种。

半导体数码管 BS201A 这种数码管的每个线段都是一个发光二极管，因而也称为 LED 数码管或 LED 七段显示器。BS201A 的八段（包括小数点 D.P）发光二极管的阴极是做在一起的，属于共阴极类型。为了增加使用的灵活性，同一规格的数码管一般都有共阴极和共阳极两种类型可供选用。共阴极数码管 BS201A 外形和结构如图 3-8-3 所示。

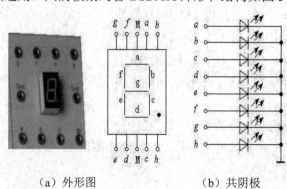

（a）外形图　　　　　（b）共阴极

图 3-8-3　共阴极数码管 BS201A 外形和结构

（2） BCD - 七段显示译码器

七段显示译码器 74LS48 是一种可以直接驱动共阴极数字显示器的集成译码器，它的功能是将输入的 4 位二进制代码转换成显示器所需要的 7 个段信号 a～g。它的引脚排列图如图 3-8-4 所示，其真值表如表 3-8-3 所列。

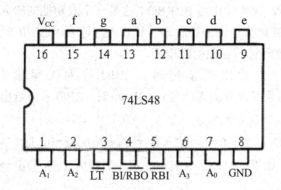

图 3-8-4　译码器 74LS48 引脚排列图

表 3-8-3　七段显示译码器 74LS48 的真值表

功　能	输　　入		输入/输出	输　　出	显示字形
	$\overline{LT}$　$\overline{RBI}$	A_3　A_2　A_1　A_0	$\overline{BI/RBO}$	a b c d e f g	
试灯	×　×	×　×　×　×	1	1 1 1 1 1 1 1	日
灭灯	×　×	×　×　×　×	0	0 0 0 0 0 0 0	熄灭
灭零	1　0	0　0　0　0	0	0 0 0 0 0 0 0	灭 0
0	1　1	0　0　0　0	1	1 1 1 1 1 1 0	
1	1　×	0　0　0　1	1	0 1 1 0 0 0 0	
2	1　×	0　0　1　0	1	1 1 0 1 1 0 1	
3	1　×	0　0　1　1	1	1 1 1 1 0 0 1	
4	1　×	0　1　0　0	1	0 1 1 0 0 1 1	
5	1　×	0　1　0　1	1	1 0 1 1 0 1 1	
6	1　×	0　1　1　0	1	0 0 1 1 1 1 1	
7	1　×	0　1　1　1	1	1 1 1 0 0 0 0	
8	1　×	1　0　0　0	1	1 1 1 1 1 1 1	
9	1　×	1　0　0　1	1	1 1 1 0 0 1 1	
10	1　×	1　0　1　0	1	0 0 0 1 1 0 1	
11	1　×	1　0　1　1	1	0 0 1 1 0 0 1	
12 伪	1　×	1　1　0　0	1	0 1 0 0 0 1 1	
13 码	1　×	1　1　0　1	1	1 0 0 1 0 1 1	
14	1　×	1　1　1　0	1	0 0 0 1 1 1 1	
15	1　×	1　1　1　1	1	0 0 0 0 0 0 0	

74LS48 的引脚功能介绍如下：

74LS48 是一个⑯脚的集成器件，除了电源⑯脚、接地端⑧脚外，有 4 个输入端（A_3、A_2、A_1、A_0）输入 BCD 码，高电平有效；7 个输出端 a～g 可以直接驱动共阴极数码管；3 个附加控制端 $\overline{LT}$、$\overline{BI/RBO}$ 和 $\overline{RBI}$。

3 个附加控制端的功能和用法如下。

① 试灯。当灯测试输入端 $\overline{LT}$ =0 时，无论其他输入端状态如何，a～g 7 个输出端全部为高电平 "1"，便可使被驱动数码管的七段同时点亮，数码管显示数字 "8"，以此检查该数码管各段能否正常发光。平时应置 $\overline{LT}$ 为高电平。

② 灭灯。灭灯输入/灭零输出端 $\overline{BI}/\overline{RBO}$，这是一个双功能的输入/输出端，当 $\overline{BI}/\overline{RBO}$ 作为输入端使用时，$\overline{BI}$ 称灭灯输入控制端。只要灭灯输入端 $\overline{BI}$ =0 时，不管其他输入端为何值，都可将被驱动数码管的各段同时熄灭。

③ 当 $\overline{BI}/\overline{RBO}$ 作为输出端使用时，$\overline{RBO}$ 称为灭零输出端。只有当输入 A_3 = A_2 = A_1 = A_0 =0，而且有灭零输入信号（$\overline{RBI}$ =0）时，$\overline{RBO}$ 才会给出低电平，因些 $\overline{RBO}$ =0 表明译码器已将本来应该显示的零熄灭了。

④ 灭零输入端 $\overline{RBI}$：当 $\overline{LT}$ =1，输入 A_3 = A_2 = A_1 = A_0 =0，时，只有当 $\overline{RBI}$ =1 时，才产生 0 的七段显示码；如果此时输入 $\overline{RBI}$ =0，则译码器的 a～g 输出全为 0，使显示器全灭；所以 $\overline{RBI}$ 称为灭零输入端。

注意：

设置这个灭零输入信号 $\overline{RBI}$ 的目的是为了能把不希望显示的零熄灭。例如，有一个 8 位的数码显示电路，整数部分为 5 位，小数部分为 3 位，8 位数码管将会呈现 00013.700 字样。如果将前、后多余的零熄灭，则显示出的结果将更加醒目，显示出现 13.7 这个数。

四、实验内容及步骤

1. 3 线—8 线译码器 74LS138 的逻辑功能测试

（1）将 +5 V 电压接到芯片引脚⑯上，将电源的地接到芯片的引脚⑧上。

（2）将译码器 74LS138 的 3 个输入端 A_2、A_1、A_0，3 个附加控制端 S_1、$\overline{S_2}$ 和 $\overline{S_3}$ 分别用跳线接到实验板上的十六位逻辑电平开输出开关。

（3）将译码器的 8 个输出端 $\overline{Y_7}$～$\overline{Y_0}$ 分别用跳线接到实验板上的十六位逻辑电平输入 LED 指示灯上。LED 电平指示灯亮为 1，灯不亮为 0。

（4）要注意这 3 个附加控制端 S_1、$\overline{S_2}$ 和 $\overline{S_3}$ 在电路中的作用，功能是什么，如何连接。请根据表 3-8-4 和表 3-8-5 所示的条件来输入开关状态，观察并记录译码器输出状态。然后与 "表 3-8-1" 相对照结果是否一致。测试电路接线图如图 3-8-5 所示。

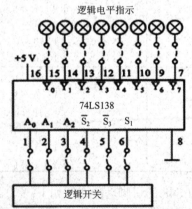

图 3-8-5 译码器 74LS138 逻辑功能测试电路接线图

表 3-8-4　译码器 74LS138 控制端功能测试

S_1	$\bar{S}_1$	$\bar{S}_2$	A_3	A_2	A_1	$\bar{Y}_0$	$\bar{Y}_1$	$\bar{Y}_2$	$\bar{Y}_3$	$\bar{Y}_4$	$\bar{Y}_5$	$\bar{Y}_6$	$\bar{Y}_7$
×	×		×	×	×								
1	1	0	×	×	×								
1	0	1	×	×	×								
1	1	1	×	×	×								

表 3-8-5　74LS138 译码器功能测试

S_1	$\bar{S}_1$	$\bar{S}_2$	A_3	A_2	A_1	$\bar{Y}_0$	$\bar{Y}_1$	$\bar{Y}_2$	$\bar{Y}_3$	$\bar{Y}_4$	$\bar{Y}_5$	$\bar{Y}_6$	$\bar{Y}_7$
1	0	0	0	0	0								
1	0	0	0	0	1								
1	0	0	0	1	0								
1	0	0	0	1	1								
1	0	0	1	0	0								
1	0	0	1	0	1								
1	0	0	1	1	0								
1	0	0	1	1	1								

2.　4 线—10 线译码器（二-十进制译码器）74LS42 的逻辑功能测试

（1）将+5 V 电压接到芯片引脚⑯上，将电源的地接到芯片的引脚⑧上。

（2）将译码器 74LS42 的 4 个输入端 A_3、A_2、A_1、A_0 分别用跳线接到实验板上的十六位逻辑电平输出开关。

（3）将译码器的 10 个输出端 $\bar{Y}_9 \sim \bar{Y}_0$ 分别用跳线接到实验板上的十六位逻辑电平输入 LED 指示灯上。LED 电平指示灯亮为 1，灯不亮为 0。

（4）请根据表 3-8-6 所示的条件来输入开关状态，观察并记录译码器输出状态。然后与"表 3-8-1"相对照结果是否一致。测试电路连接如图 3-8-6 所示。

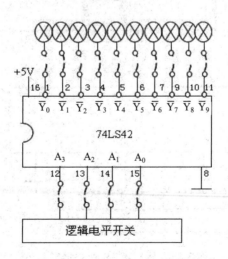

图 3-8-6　译码器 74LS42 逻辑功能测试接线图

表 3-8-6　74LS42 译码器功能测试

序号	输入				输出									
	A_3	A_2	A_1	A_0	$\overline{Y_0}$	$\overline{Y_1}$	$\overline{Y_2}$	$\overline{Y_3}$	$\overline{Y_4}$	$\overline{Y_5}$	$\overline{Y_6}$	$\overline{Y_7}$	$\overline{Y_8}$	$\overline{Y_9}$
0	0	0	0	0										
1	0	0	0	1										
2	0	0	1	0										
3	0	0	1	1										
4	0	1	0	0										
5	0	1	0	1										
6	0	1	1	0										
7	0	1	1	1										
8	1	0	0	0										
9	1	0	0	1										

3. 用 BCD - 七段显示译码器 74LS48 直接驱动共阴极数码管 BS201A 的连接方法

（1）将+5 V 电压接到芯片引脚⑯上，将电源的地接到芯片的引脚⑧上。

（2）将显示译码器74LS48的4个输入端A_3、A_2、A_1、A_0 和3个附加控制端$\overline{LT}$、$\overline{BI/RBO}$ 和$\overline{RBI}$分别用跳线接到实验板上的十六位逻辑电平输出开关。

（3）将译码器的 7 个输出端 a～g 分别用跳线接到数码管 BS201A 相对应的 7 个段信号 a～g 上。

（4）请根据表 3-8-7 所示的条件来输入开关状态，观察并记录 LED 数码管显示的数字。然后与"表 3-8-3"相对照结果是否一致。显示译码器 74LS48 与数码管 BS201A 的连接方法如图 3-8-7 所示。

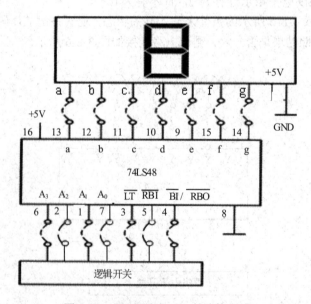

图 3-8-7　译码器 74LS48 的连接方法

表 3-8-7　显示译码器 74LS48 功能测试

功能	输入 $\overline{LT}$	$\overline{RBI}$	A_3	A_2	A_1	A_0	输入/输出 $\overline{BI}/\overline{RBO}$	输出 a b c d e f g	显示字形
试灯	×		×	×	×	×	1		
灭灯	×	×	×	×	×		0		
灭零	1	0	0	0	0	0	0		
0	1	1	0	0	0	0	1		
1	1	×	0	0	0	1	1		
2	1	×	0	0	1	0	1		
3	1	×	0	0	1	1	1		
4	1	×	0	1	0	0	1		
5	1	×	0	1	0	1	1		
6	1	×	0	1	1	0	1		
7	1	×	0	1	1	1	1		
8	1	×	1	0	0	0	1		
9	1	×	1	0	0	1	1		

4. 用译码器设计组合逻辑电路

试利用 3 线—8 线译码器 74LS138、与非门 74LS00 和 74LS20 设计一个多输出的组合逻辑电路。

（1）设计用 3 盏指示灯来代表 3 台设备 A、B、C 的工作情况，3 盏指示灯分别用 Z_1、Z_2、Z_3 来表示。3 台设备 A、B、C 工作正常时用 0 表示，工作不正常时用 1 表示。设计要求：

① 当 3 台设备中全部工作正常时，第 1 盏灯 Z_1 被点亮；

② 当 3 台设备中有 1 台不正常工作时，第 2 盏灯 Z_2 被点亮；

③ 当 3 台设备中有 2 台不正常工作时，第 3 盏灯 Z_3 被点亮；

④ 当 3 台设备全都不正常工作时，3 盏灯 Z_1、Z_2、Z_3 都被点亮。

（2）设计步骤解析。

解：① 分析设计要求，真值表如表 3-8-8 所示。

表 3-8-8

输入			输出		
A	B	C	Z_1	Z_2	Z_3
0	0	0			
0	0	1			
0	1	0			
0	1	1			
1	0	0			
1	0	1			
1	1	0			
1	1	1			

② 分别列出 Z_1、Z_2、Z_3 输出为 "1" 的逻辑函数表达式；

③ 将 Z_1、Z_2、Z_3 的逻辑函数表达式转换成与非的形式；

④ 根据表达式画出电路图，并连线。

五、实验报告

（1） 将实验测试数据整理出来，填入相应的表格中。

（2） 用 3 线—8 线译码器 74LS138、与非门 74LS00 和 74LS20 实现一个多输出的组合逻辑电路，将全过程填入报告中。

六、思考题

（1） 显示译码器与变量译码器的根本区别在哪里？

（2） 如果 LED 数码管是共阳极的，与共阴极数码管的连接形式有何不同？

实验九　编码器与译码器及数码显示电路的功能测试

一、实验目的

（1） 进一步熟悉 10 线—4 线优先编码器 74LS147、七段显示译码器 CC4511 及共阴极数码管 BS201A 的工作原理。

（2） 熟悉常用译码器、编码器的逻辑功能和典型应用。

二、实验主要仪器设备

（1） 数字电路实验板 1 块（DZX—3 型）、直流稳压电源（5 V）1 台；

（2） 集成电路芯片 74LS147、74LS04、CC4511 各 1 片；

（3） 1 kΩ 的电阻器 7 个（实验板内部已装有）、数码显示管 BS201A 1 片；

（4） 导线若干。

三、实验原理及相关知识

（1） 集成电路芯片 10 线—4 线优先编码器 74LS147 引脚图及功能介绍。

① $\overline{I_9} \sim \overline{I_1}$ 是 9 个信号输入端，输入信号为低电平有效，"0" 表示有编码信号，"1" 表示没有编码信号；优先级别最高的是 $\overline{I_9}$，其他依次降低，$\overline{I_1}$ 的优先级别最低；

② $\overline{Y_3} \sim \overline{Y_0}$ 是 4 位编码输出端，8421BCD 码，采用反码形式输出（即低电平有效）；

③ $\overline{I_0}$ 为无输入端，当无编码请求时，即 $\overline{I_9} \sim \overline{I_1}$ 输入全为高电平时，输出也全为高电平，此时相当于对 $\overline{I_0}$ 进行编码。

图 3-9-1 所示为编码器 74LS147 引脚排列图，其真值表如表 3-9-1 所示。

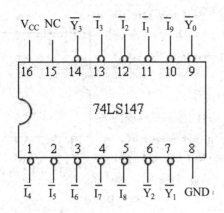

图 3-9-1 编码器 74LS147 引脚排列图

表 3-9-1 编码器 74LS147 的真值表

输　入									输　出			
$\overline{I_1}$	$\overline{I_2}$	$\overline{I_3}$	$\overline{I_4}$	$\overline{I_5}$	$\overline{I_6}$	$\overline{I_7}$	$\overline{I_8}$	$\overline{I_9}$	$\overline{Y_3}$	$\overline{Y_2}$	$\overline{Y_1}$	$\overline{Y_0}$
1	1	1	1	1	1	1	1	1	1	1	1	1
×	×	×	×	×	×	×	×	0	0	1	1	0
×	×	×	×	×	×	×	0	1	0	1	1	1
×	×	×	×	×	×	0	1	1	1	0	0	0
×	×	×	×	×	0	1	1	1	1	0	0	1
×	×	×	×	0	1	1	1	1	1	0	1	0
×	×	×	0	1	1	1	1	1	1	0	1	1
×	×	0	1	1	1	1	1	1	1	1	0	0
×	0	1	1	1	1	1	1	1	1	1	0	1
0	1	1	1	1	1	1	1	1	1	1	1	0

（2） 非门 74LS04（六反相器）的引脚排列图介绍。

74LS04 内含 6 个非门，逻辑表达式为：$Y=\overline{A}$，逻辑功能为：见 0 出 1，见 1 出 0。图 3-9-2 所示为非门 74LS04（六反相器）的引脚排列图。

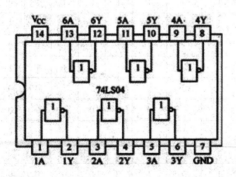

图 3-9-2 非门 74LS04（六反相器）的引脚排列图

（3） BCD 码七段译码驱动器 CC4511 引脚图及功能介绍。

CC4511 是一个专门用来将输入的四位 8421 码转换为七段码并驱动数码管 BS311201A

（共阴板）的集成片。本实验采用 CC4511BCD 码锁存/七段译码/驱动器，驱动共阴极 LED 数码管。驱动器 CC4511 引脚排列图如图 3-9-3 所示。

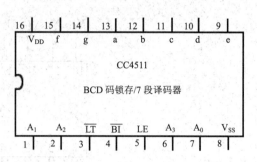

图 3-9-3　驱动器 CC4511 引脚排列图

在 CC4511 的引脚排列图中：

① A_0、A_1、A_2、A_3—BCD 码输入端。

② a、b、c、D、E、f、g—译码输出端，输出"1"有效，用来驱动共阴级 LED 数码管。

③ $\overline{LT}$—测试输入端，$\overline{LT}$ = "0" 时，译码输出全为"1"

④ $\overline{BI}$—消隐输入端，$\overline{BI}$ = "0" 时，译码输出全为"1"

⑤ LE—锁定端，LE = "1" 时译码器处于锁定（保持）状态，译码输出保持在 LE= "0" 时的数值，LE= "0" 为正常译码。

⑥ CC4511 内接有上拉电阻器，故只需在输出端与数码管笔段之间串接限流电阻器即可工作。译码器还有拒伪码功能，当输入码超过"1001"时，输出全为"0"，数码管熄灭。表 3-9-2 所列为 CC4511 功能表。

表 3-9-2　CC4511 功能表

| 输　　入 | | | | | | | 输　　出 | | | | | | | |
LE	$\overline{BI}$	$\overline{LT}$	A_3	A_2	A_1	A_0	a	b	c	d	e	f	g	显 示 字 型
×	×	0	×	×	×	×	1	1	1	1	1	1	1	8
×	0	1	×	×	×	×	0	0	0	0	0	0	0	消隐
0	1	1	0	0	0	0	1	1	1	1	1	1	0	0
0	1	1	0	0	0	1	0	1	1	0	0	0	0	1
0	1	1	0	0	1	0	1	1	0	1	1	0	1	2
0	1	1	0	0	1	1	1	1	1	1	0	0	1	3
0	1	1	0	1	0	0	0	1	1	0	0	1	1	4
0	1	1	0	1	0	1	1	0	1	1	0	1	1	5
0	1	1	0	1	1	0	1	0	1	1	1	1	1	6
0	1	1	0	1	1	1	1	1	1	0	0	0	0	7
0	1	1	1	0	0	0	1	1	1	1	1	1	1	8
0	1	1	1	0	0	1	1	1	1	0	0	1	1	9
0	1	1	1	0	1	0	0	0	0	0	0	0	0	消隐
0	1	1	1	0	1	1	0	0	0	0	0	0	0	消隐
0	1	1	1	1	0	0	0	0	0	0	0	0	0	消隐
0	1	1	1	1	0	1	0	0	0	0	0	0	0	消隐
0	1	1	1	1	1	0	0	0	0	0	0	0	0	消隐
0	1	1	1	1	1	1	0	0	0	0	0	0	0	消隐
1	1	1	×	×	×	×								锁存

（4）　共阴极数码管 BS311201A 的介绍。

把所有 LED 的阴级连在一起时，则为共阴极数码管。其内部发光二极管的连接方法如图 3-9-4 所示。

七段发光二极管数字管由七段条状发光二极管排成字形显示数字。当给相应的某些线段加一定的驱动电流或电压时，这些段就发光，从而显示相应的数字。

为限制各发光二极管的电流，可在它们的公共极上串联一只限流电阻器。数码管的字形图如图 3-9-5 所示。

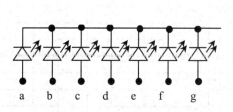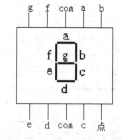

图 3-9-4　发光二极管的共阴极连接　　　　　图 3-9-5　数码管的字形图

四、实验内容及步骤

（1）　BCD 码七段译码驱动器 CC4511 的功能测试。

① 在实验电路板上按图 3-9-6 所示接线。将 CC4511 的输入端 A_0、A_1、A_2、A_3 与十六位开关电平开关用导线连接，输入端 $\overline{LT}$ 和 $\overline{BI}$ 与电源 "+5 V" 相连，输入端 LE 与 "地" 相连。

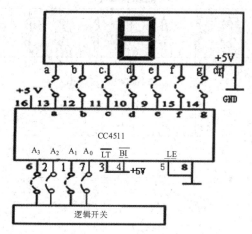

图 3-9-6　驱动器 CC4511 的功能测试接线图

② 将译码器的输出端 a、b、c、D、E、f、g 与共阴极数码管 BS311201A 相连。

③ 仔细检查电路接线，经指导教师检查无误后，接通直流稳压电源开关。

④ 根据下表中的数据依次改变译码器 CC4511 输入端的逻辑电平开头，每输入一个有效信号，就观察输出数码管的显示数字是否与输入一致，并记入在表 3-9-3 中。

表 3-9-3　CC4511 功能测试记录表

输　　入							输　　出							
LE	$\overline{BI}$	$\overline{LT}$	A_3	A_2	A_1	A_0	a	b	c	d	e	f	g	显示字型
0	1	1	0	0	0	0								
0	1	1	0	0	0	1								
0	1	1	0	0	1	0								
0	1	1	0	0	1	1								
0	1	1	0	1	0	0								
0	1	1	0	1	0	1								
0	1	1	0	1	1	0								
0	1	1	0	1	1	1								
0	1	1	1	0	0	0								
0	1	1	1	0	0	1								
0	1	1	1	0	1	0								
0	1	1	1	0	1	1								
0	1	1	1	1	0	0								
0	1	1	1	1	0	1								
0	1	1	1	1	1	0								
0	1	1	1	1	1	1								

（2）　实现编码显示电路（用一片 74LS147、一片 CC4511、一片数码管来实现）。设计电路图的连接如图 3-9-7 所示。

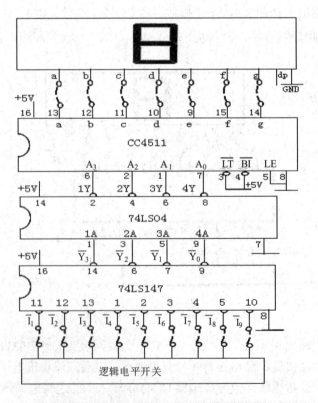

图 3-9-7　编码、译码显示电路测试接线图

— 124 —

① 在实验电路板上按图 3-9-7 所示接线。将编码器 74LS147 的 9 个输入端 $\overline{I_1} \sim \overline{I_9}$ 与数字电路实验板上的十六位开关电平开关用导线连接。

② 关闭直流稳压电源开关，将+5 V 电压分别接到各芯片引脚的正电源 $+V_{CC}$ 端，将电源负极分别接到各芯片引脚的 GND 端。

③ 仔细检查电路接线，经指导教师检查无误后，接通直流稳压电源开关。

④ 根据表 3-9-4 所列的数据依次改变编码器 74LS147 输入端的逻辑电平开头，每输入一个有效信号，就观察输出数码管的显示数字是否与输入一致，并记入在表 3-9-4 中。

表 3-9-4　编码、译码显示电路测试表

74LS147 输 入 信 号									数码管显示字型
$\overline{I_9}$	$\overline{I_8}$	$\overline{I_7}$	$\overline{I_6}$	$\overline{I_5}$	$\overline{I_4}$	$\overline{I_3}$	$\overline{I_2}$	$\overline{I_1}$	
1	1	1	1	1	1	1	1	1	
1	1	1	1	1	1	1	1	0	
1	1	1	1	1	1	1	0	×	
1	1	1	1	1	1	0	×	×	
1	1	1	1	1	0	×	×	×	
1	1	1	1	0	×	×	×	×	
1	1	1	0	×	×	×	×	×	
1	1	0	×	×	×	×	×	×	
1	0	×	×	×	×	×	×	×	
0	×	×	×	×	×	×	×	×	

五、实验报告

（1）将实验测试数据整理出来，填入相应的表格中。

（2）简述编码、译码显示电路的工作原理，小结实验结论。

六、思考题

（1）为什么 74LS147 的输出端通过与非门芯片接至显示译码器？

（2）为什么显示译码器的输出端必须接共阴极数码管？

实验十　集成触发器的功能测试

一、实验目的

（1）熟悉基本 RS 触发器的特性。

（2）通过实验了解和熟悉常用的 D、JK 集成触发器的引脚功能及其连线。

（3）进一步理解和掌握各种集成触发器的的逻辑功能及其应用。

二、实验主要仪器设备

（1）数字电路实验板 1 块（DZX—3 型），+5 V 直流电源，单次时钟脉冲源。

（2）74LS74（或 CC4013）双 D 集成触发器电路，74LS112（或 CC4027）双 JK 集

成触发器电路，74LS00（或 CC4011）与非门集成电路各 1 只。

（3）相关实验设备及连接导线若干。

三、实验原理及相关知识

（1）触发器是存放二进制信息的最基本单元，是构成时序电路的主要元件。触发器具有两个稳态：即"0"态（Q=0,$\overline{Q}$=1）和"1"态（Q=1,$\overline{Q}$=0）。在时钟脉冲的作用下，根据输入信号的不同，触发器可具有置"0"、置"1"、保持和翻转功能。

按逻辑功能分类，有 RS 触发器、D 触发器、JK 触发器、T 触发器等。目前，市场上出售的产品主要是 D 触发器和 JK 触发器。按时钟脉冲触发方式分类，有电平触发器（锁存器）、主从触发器和边沿触发器三种。按制造材料分类，常用 TTL 和 CMOS 两种，它们在电路结构上有较大的差别，但在逻辑功能上基本相同。

触发器的应用除作为时序逻辑电路的主要单元外，一般还用来作为消振颤电路、同步单脉冲发生器、分频器及倍频器等。

（2）RS 触发器。

用两个与非门交叉连接即可构成基本的 RS 触发器，如图 3-10-1 所示。

（3）D 触发器。

实用 D 触发器的型号很多，TTL 型有 74LS74（双 D）、74LS174（六 D）、74LS175（四 D）、74LS377（八 D）等；CMOS 型有 CD4013（双 D）、CD4042（四 D）。

本实验选用 74LS74（上升沿触发）。触发器的状态仅取决于时钟信号 CP 上升沿到来前 D 端的状态，其特性方程为：$Q^{n+1}=D$。

D 触发器的应用很广，可供做数字信号的寄存、移位寄存、分频和波形发生等应用。如图 3-10-2 所示。

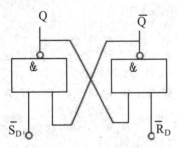

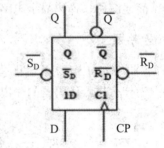

图 3-10-1　用与非门组成的基本 RS 触发器　　　　图 3-10-2　D 触发器逻辑符号

（4）JK 触发器。

实用 JK 触发器 TTL 型有 74LS107、74LS112（双 JK 下降沿触发，带清零）、74LS109（双 JK 上升沿触发，带清零）、74LS111（双 JK，带数据锁定）等；CMOS 型有 CD4027（双 JK 上升沿触发）等，其特性方程为：$Q^{n+1}=J\overline{Q}^{n}+\overline{K}Q^{n}$。本实验选用 74LS112（下降沿触发），如图 3-10-3 所示。

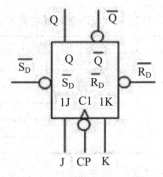

图3-10-3 JK 触发器逻辑符号

四、实验内容及步骤

（1）用 1 片 74LS00（四 2 输入与非门）来组成基本 RS 触发器。

按图 3-10-4 所示连接两个与非门，两个直接置"0"和置"1"端（$\overline{R_D}$ 和 $\overline{S_D}$）接十六位开关电平输出的插口，两个互非的输出端 Q 和 $\overline{Q}$ 分别接十六位逻辑电平 LED 输入插口，按表 3-10-1 所示状态进行测试，把测试结果记录在表 3-10-1 中。

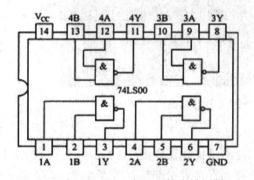

74LS00 四 2 输入与非门管脚排列图

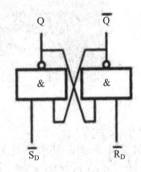

与非门构成基本 RS 触发器逻辑图

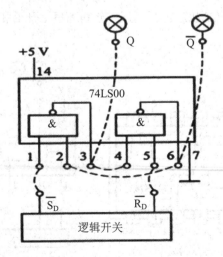

图3-10-4 与非门构成基本 RS 触发器接线图

表 3-10-1　基本 RS 触发器功能测试表

输　　入		输　　出		功能描述
$\overline{R}_D$	$\overline{S}_D$	Q^{n+1}	$\overline{Q^{n+1}}$	
1	$1 \to 0$			
	$0 \to 1$			
$1 \to 0$	1			
$0 \to 1$				
0	0			

（2）　测试 D 触发器的逻辑功能。注意实验中采用单次 CP 脉冲源。

① 两路单次脉冲源。

如图 3-10-5 所示，每按一次单次脉冲按键，在其输出口 "＿┌┐＿" 和 "┐＿┌" ，分别送出一个正、负单次脉冲信号。四个输出口均有 LED 发光二极管予以指示。

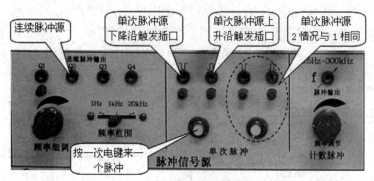

图 3-10-5　两路单次脉冲源

② D 触发器的功能测试。

以 74LS74 为例，其引脚排列与逻辑功能测试接线图如图 3-10-6 所示。该芯片中有两个 D 触发器。其中 D 是输入端，$\overline{R}_D$、$\overline{S}_D$ 分别为直接置 1 端和直接置 0 端，且低电平有效；Q、$\overline{Q}$ 为输出端。将 $\overline{R}_D$、$\overline{S}_D$、D 接逻辑电平开关，CP 接单次脉冲；Q、$\overline{Q}$ 接逻辑电平显示 LED 发光二极管。按附表二状态进行测试，分别观察上升沿和下降沿到来时 Q、$\overline{Q}$ 的情况，记录在表 3-10-2 中。

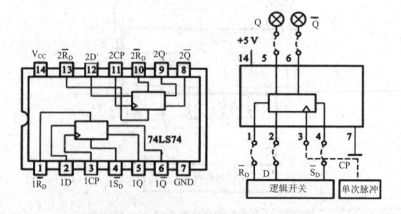

图 3-10-6　引脚排列与逻辑功能测试接线图

表 3-10-2　D 触发器功能测试

输入				输出		功能描述
				当 $Q^n=0$	当 $Q^n=1$	
$\overline{S}_D$	$\overline{R}_D$	CP	D	Q^{n+1}	Q^{n+1}	
0	1	$\times$	$\times$			
1	0	$\times$	$\times$			
1	1	↑⎍ / ↓⎍	0			
1	1	↑⎍ / ↓⎍	1			

（3）　测试 JK 触发器的逻辑功能。

本实验采用双 JK 触发器 74LS112 为例，是下降边沿触发的边沿触发器，其引脚排列与逻辑功能测试电路接线图如图 3-10-7 所示。该芯片中有两个 JK 触发器。其中 J 和 K 为数据输入端，是触发器状态更新的依据；$\overline{R}_D$、$\overline{S}_D$ 分别为直接置 1 端和直接置 0 端，且低电平有效；Q、$\overline{Q}$ 为输出端。附表 3-10-3 所示状态进行测试，把测试结果记录在表 3-10-3 中。

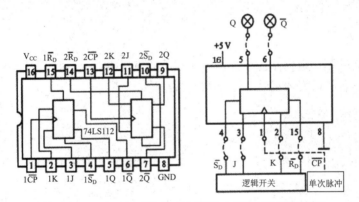

图 3-10-7　74LS112 引脚排列与逻辑功能测试电路接线图

表 3-10-3　JK 触发器的功能测试表

$\overline{S}_D$	$\overline{R}_D$	CP	J	K	当 $Q^n=0$	当 $Q^n=1$	功能描述
					Q^{n+1}	Q^{n+1}	
0	1	$\times$	$\times$	$\times$			
1	0	$\times$	$\times$	$\times$			
1	1	↓⎍	0	0			
1	1	↓⎍	0	1			
1	1	↓⎍	1	0			
1	1	↓⎍	1	1			
1	1	↑⎍	$\times$	$\times$			

（4） 触发器的相互转换。

在集成触发器的产品中，每一种触发器都有自己固定的逻辑功能。但可以利用转换的方法获得具有其他功能的触发器。例如将 JK 触发器转换成 D 触发器、T 触发器、T'触发器。其转换电路如图 3-10-8 所示。

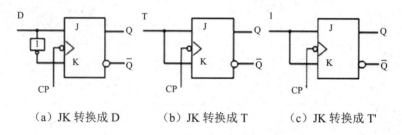

（a） JK 转换成 D　　　（b） JK 转换成 T　　　（c） JK 转换成 T'

图 3-10-8　常见触发器转换电路

①按图 3-10-8（a）连接电路，D 接逻辑电平开关，CP 接单次脉冲，Q 端接逻辑电平显示，验证逻辑功能，并自拟表格记录。

（2） 按图 3-10-8（b）、3-10-8（c）连接电路，把 JK 触发器的 JK 两端子连接一起构成 T 触发器再进行测试；恒输入"1"时又可构成 T'触发器，分别测试观察其输出，并自拟表格记录下来。

五、实验报告

（1） 将实验测试数据整理出来，填入相应的表格中。

（2） 总结各类触发器的特点，小结实验结论。

六、思考题

（1） $\overline{R}_D$ 和 $\overline{S}_D$ 为什么不允许出现 $\overline{R}_D + \overline{S}_D = 0$ 的情况？正常工作情况下，$\overline{R}_D$ 和 $\overline{S}_D$ 应为何态？

（2） 用组成数据开关的逻辑电平输出电键能否作为触发器的时钟脉冲信号？为什么？用普通的机械开关能否用做触发器输入信号端？又是为什么？

实验十一　计数器及其应用

一、实验目的

（1） 掌握中规模集成计数器的使用及功能测试方法；

（2） 运用集成计数器构成任意进制计数器的方法。

二、实验设备与器件

（1） 数字电路实验板 1 块（DZX—3 型），+5 伏直流电源、单次脉冲源；

（2） 74LS161、CC40192（74LS192）、74LS20 各一片；

（3） 相关实验设备及连接导线若干。

三、实验原理及相关知识

计数器是一个用以实现计数功能的时序部件，它不仅可用来计算脉冲数，还常用做数字系统的定时、分频和执行数字运算以及其他特定的逻辑功能。

计数器种类很多。按构成计数器中的各触发器是否使用一个时钟脉冲源来分，有同步计数器和异步计数器。根据计数制的不同，分为二进制计数器、十进制计数器和任意进制计数器。根据计数器的增减趋势，又分为加法、减法和可逆计数器。还有可预制数和可变程序功能计数器，等等。目前，无论是 TTL 还是 CMOS 集成电路，都有品种较齐全的中规模集成计数器。使用者只要借助于器件手册提供的功能和工作波形图以及引出端的排列，就能正确运用这些器件。

1. 集成同步二进制计数器 74LS161

74LS161 是 4 位二进制异步清零同步的计数器。可以直接用做二、四、八、十六进制计数，引入适当的反馈可构成小于 16 的任意进制计数器。

74LS161 的引脚排列及功能如图 3-11-1 所示，其功能表如表 3-11-1 所示，$\overline{CR}$ 为置 0 控制端，$\overline{LD}$ 为置数控制端，CT_P、CT_T 为计数允许控制端，CP 为时钟输入端，$D_0 \sim D_3$ 为并行数据输入端，$Q_0 \sim Q_3$ 为输出端，CO 为进位输出端。

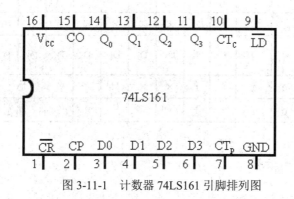

图 3-11-1　计数器 74LS161 引脚排列图

表 3-11-1　集成计数器 74LS161 功能表

功能	输入									输出			
	$\overline{CR}$	$\overline{LD}$	CT_P	CT_T	CP	D_0	D_1	D_2	D_3	Q_0	Q_1	Q_2	Q_3
异步清零	0	×	×	×	×	×	×	×	×	0	0	0	0
同步置数	1	0	×	×	↑	D_0	D_1	D_2	D_3	D_0	D_1	D_2	D_3
计数	1	1	1	1	↑	×	×	×	×	4 位二进制加法计数			
保持（有进位）	1	1	0	×	×	×	×	×	×	Q_0	Q_1	Q_2	Q_3
保持（$C_0=0$）	1	1	×	0	×	×	×	×	×	Q_0	Q_1	Q_2	Q_3

2. 集成同步十进制加/减同步计数器 CC40192

CC40192 是同步十进制可逆计数器，具有双时钟输入，并具有清除和置数等功能，其引脚排列及功能如图 3-11-2 所示，其功能表如表 3-11-2 所列。

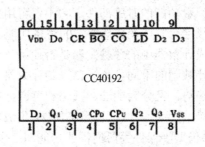

图 3-11-2 计数器 CC40192 引脚排列图

图中 $\overline{\text{LD}}$ -置数端，CP_U -加计数端，CP_D -减计数端，$\overline{\text{CO}}$ -非同步进位输出端，$\overline{\text{BO}}$ -非同步借位输出端，$D_0 \sim D_3$ -计数器输入端，$Q_0 \sim Q_3$ -数据输出端，CR -清除端。

表 3-11-2 计数器 CC40192 的功能表

功能	输				入				输		出	
	CR	$\overline{\text{LD}}$	CP_U	CP_D	D_3	D_2	D_1	D_0	Q_3	Q_2	Q_1	Q_0
清零	1	×	×	×	×	×	×	×	0	0	0	0
置数	0	0	×	×	D_3	D_2	D_1	D_0	D_3	D_2	D_1	D_0
加计数	0	1	↑	1	×	×	×	×	加 1			
减计数	0	1	1	↑	×	×	×	×	减 1			

四、实验内容及步骤

1. 测试 74LS161 的逻辑功能

参照图 3-11-3 所示电路接线，$\overline{C_R}$、$\overline{\text{LD}}$、CT_T、CT_P、$D_3D_2D_1D_0$ 分别接逻辑电平开关，$Q_3Q_2Q_1Q_0$ 接逻辑电平 LED 显示，CP 接单次脉冲。按 74LS161 集成计数器功能表进行逐项对比测试。

2. 测试 CC40192 的逻辑功能

参照图 3-11-4 所示电路接线，$\overline{C_R}$、$\overline{\text{LD}}$、$D_3D_2D_1D_0$ 分别接逻辑电平开关，$Q_3Q_2Q_1Q_0$ 和 $\overline{B0}$、$\overline{CO}$ 接逻辑电平 LED 显示，CP_U、CP_D 接单次脉冲。按 CC40192 集成计数器功能表进行逐项对比测试。

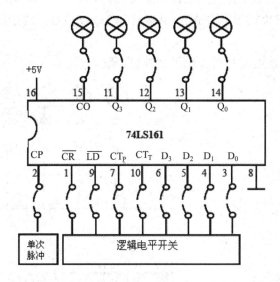

图 3-11-3　计数器 74LS161 逻辑功能测试接线图

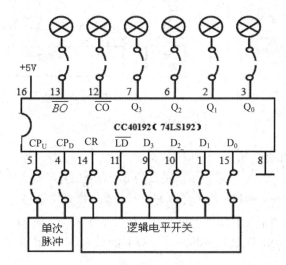

图 3-11-4　计数器 CC40192 的逻辑功能测试电路接线图

3.　实现任意进制计数

例 1.　用 74LS161 构成七进制加法计数器。

解（1）：采用异步清零法，利用 74LS161 的异步清零端 $\overline{CR}$，强行中止其计数趋势，返回到初始零态。如设初态为 0，则在前 6 个计数脉冲作用下，计数器 $Q_3Q_2Q_1Q_0$ 按 4 位二进制规律从 0000～0110 正常计数。当第 7 个计数脉冲到来后，计数器状态 $Q_3Q_2Q_1Q_0$ =0111（为暂时状态），这时，通过与非门强行将 $Q_2Q_1Q_0$ 的 1 引回到 $\overline{CR}$ 端，借助异步清零功能，使计数器回到 0000 状态，从而实现七进制计数。电路图如图 3-11-5（a）所示。

①　连接电路，接图 3-11-5（b）所示接线。⑯脚接+5 V 电源，⑧脚接地，计数控制端 $CT_P CT_T$、同步置数端 $\overline{LD}$、预置数输入端 $D_3D_2D_1D_0$ 分别按要求接逻辑电平开关；异步清

零端 $\overline{CR}$ 同与非门 74LS20 的输出端相连，计数输出端 $Q_3Q_2Q_1Q_0$ 分别接 LED 电平显示，CP 连接单次脉冲。

② 接通电源，观察电路是否实现了七进制计数。

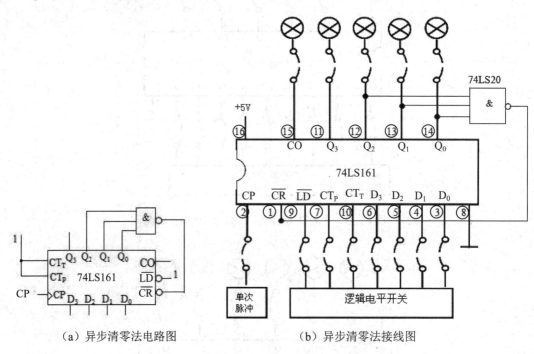

（a）异步清零法电路图　　　（b）异步清零法接线图

图 3-11-5　异步清零电路图及接线图

解（2）：采用同步预置数法：利用 74LS161 的同步置数端 $\overline{LD}$，强行中止其计数趋势，返回到并行输入数 $D_3D_2D_1D_0$ 状态。如预置数为 0，即令预置数输入端 $D_3D_2D_1D_0$=0000，计数器 $Q_3Q_2Q_1Q_0$ 按从 0000～0110 共 7 种状态进行计数。将输出端 Q_2Q_1 通过与非门接至预置数按制端 $\overline{LD}$，当 $\overline{LD}$=0 且 CP 脉冲上升沿（CP=↑）到来时，计数器的输出状态进行同步预置数，使 $Q_3Q_2Q_1Q_0 = D_3D_2D_1D_0$=0000，计数器随输入的 CP 脉冲进行计数。电路图如图 3-11-6（a）所示。

① 连接电路，接图 3-11-6（b）接线。⑯脚接+5 V 电源，⑧脚接地，计数控制端 CT_PCT_T、异步清零端 $\overline{CR}$、预置数输入端 $D_3D_2D_1D_0$ 分别按要求接逻辑电平开关；同步置数端 $\overline{LD}$ 同与非门 74LS20 的输出端相连，计数输出端 $Q_3Q_2Q_1Q_0$ 分别接 LED 电平显示，CP 连接单次脉冲。

② 接通电源，观察电路是否实现了七进制计数。

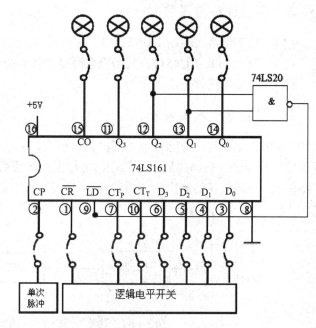

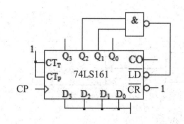

（a）同步预置数法电路图 　　　　　（b）同步预置数法接线图

图 3-11-6　同步预置数法电路图及接线图

五、实验报告

（1）画出实验线路图，记录、整理实验现象及实验所得的有关波形。对实验结果进行分析。

（2）总结使用集成计数器的体会。

六、思考题

（1）考虑采用 74LS161 如何构成二进制数、五进制数、十进制数计数？可以用几种方法？

（2）试用两片 CC40192 或 74LS192 组成大规模 N 进制计数器，输入 1 Hz 连续计数脉冲，进行由 00～99 累计计数，记录之。

实验十二　计数与译码及显示电路

一、实验目的

（1）进一步掌握集成十进制计数器、显示译码驱动器及数码管的功能与使用方法。

（2）进一步学习译码器和共阳极七段显示器的使用方法。

二、实验设备与器件

（1） 数字电路实验板 1 块（DZX—3 型），+5 伏直流电源、单次脉冲源；

（2） 74LS160、CC4511、共阴极数码显示管 BS201A　各 1 片；

（3） 连接导线若干。

三、实验原理及相关知识

生活中常需要将计数脉冲值直观的显示出来，它的实现一般经过了下面几个步骤，如图 3-12-1 所示的计数与译码及显示电路方框图。计数器输出的用 8421BCD 码表示的脉冲个数信号经译码器译码输出相应的脉冲信号，输出的脉冲信号通过显示器显示出相应的数字。

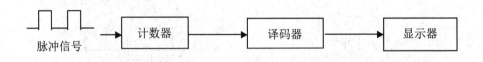

图 3-12-1　计数与译码及显示电路方框图

1. 计数器

输入的脉冲数通过计数器计数，并将结果用 8421 BCD 码表示出来，本实验中采用了一种十进制计数器 74LS160。

以 74LS160 为例，通过对集成计数器功能和应用的介绍，给出芯片的引脚图和功能表，帮助同学们能正确而灵活地运用集成计数器的能力。

（1） 74LS160 的功能介绍

74LS160 是 4 位十进制可预置同步计数器（异步清零）。其引脚排列及逻辑符号如图 3-12-2 所示，功能表见表 3-12-1 所示。

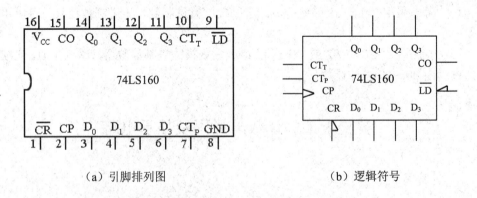

（a）引脚排列图　　　　　　　　　　（b）逻辑符号

图 3-12-2　计数器 74LS160 引脚排列及逻辑符号

表 3-12-1　74LS160 的功能表

功能	输入									输出			
	$\overline{CR}$	$\overline{LD}$	CT_P	CT_T	CP	D_0	D_1	D_2	D_3	Q_0	Q_1	Q_2	Q_3
异步清零	0	×	×	×	×	×	×	×	×	0	0	0	0
同步置数	1	0	×	×	↑	D_0	D_1	D_2	D_3	D_0	D_1	D_2	D_3
计数	1	1	1	1	↑	×	×	×	×	4 位十进制加法计数			
保持（有进位）	1	1	0	×	×	×	×	×	×	Q_0	Q_1	Q_2	Q_3
保持（$C_0=0$）	1	1	×	0	×	×	×	×	×	Q_0	Q_1	Q_2	Q_3

注意：$CO=CT_TQ_0\overline{Q_1Q_2}Q_3$

计数器 74LS160 有下列输入端：

异步清零端 $\overline{CR}$（低电平有效），时钟脉冲输入端 CP，同步并行置数控制 $\overline{LD}$（低电平有效），计数控制端 CT_T 和 CT_P，并行数据输入端 $D_0 \sim D_3$。

它有下列输出端：

四个触发器的输出端 $Q_0 \sim Q_3$，进位输出 CO。

根据 74LS160 功能表，可看出它具有下列功能。

① 异步清零功能：若 $\overline{CR}$ 输入低电平，则不管其他输入端（包括 CP 端）如何，实现四个触发器全部清零。由于这一清零操作不需要时钟脉冲 CP 配合（即不管 CP 是什么状态都行），所以称为"异步清零"。

② 同步并行置数功能：在 $\overline{CR}$ = "1"、且 $\overline{LD}$ = "0" 的前提下，在 CP 上升沿的作用下，触发器 $Q_0 \sim Q_3$ 分别接收并行数据输入信号 $D_0 \sim D_3$，由于这个置数操作必须有 CP 上升沿配合，并与 CP 上升沿同步，所以称为"同步"。由于四个触发器同时置入，所以称为"并行"。

③ 同步十进制加计数功能：在 $\overline{CR}$ = "1"，$\overline{LD}$ = "1" 的前提下，若计数控制端 CT_T=CT_P = "1"，则在计数脉冲 CP 的作用下实现同步十进制加计数。这里，"同步"二字既表明计数器是"同步"的，而不是"异步"结构，又暗示各触发器动作都与 CP（上升沿）同步。

④ 保持功能：$\overline{CR}$=$\overline{LD}$ = "1" 的前提下，若 $CT_T \cdot CT_P$ = "0"，即两个计数器控制端中至少有一个输入 0，则不管 CP 如何（包括上升沿），计数器中各触发器保持原状态不变。

⑤ 进位输出：$CO=CT_TQ_0\overline{Q_1Q_2}Q_3$，这表明进位输出端通常为 0，仅当计数控制端 CT_T = "1"且计数器状态为 9 时它才为 1。

2. **显示译码器**

以 BCD 码七段译码驱动器为例。

CC4511 是一个专门用来将输入的四位 8421 码转换为七段码并驱动数码管 BS311201（共阴极）的集成芯片。本实验采用 CC4511BCD 码锁存/七段译码/驱动器。驱动共阴极 LED 数码管，其引脚排列图如图 3-12-3 所示。

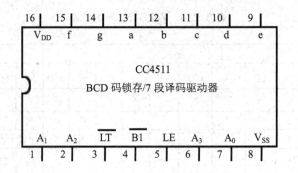

图 3-12-3　CC4511 BCD 码引脚排列图

其中，A_0、A_1、A_2、A_3 —BCD 码输入端。

a、b、c、D、E、f、g—译码输出端，输出"1"有效，用来驱动共阴级 LED 数码管。

$\overline{LT}$ —测试输入端，$\overline{LT}$ = "0" 时，译码输出全为"1"。

$\overline{BI}$ —消隐输入端，$\overline{BI}$ = "0" 时，译码输出全为"1"。

LE—锁定端，LE = "1" 时译码器处于锁定（保持）状态，译码输出保持在 LE= "0" 时的数值，LE= "0" 为正常译码。CC4511 BCD 码内接有上拉电阻器，故只需在输出端与数码管笔段之间串接限流电阻器即可工作。译码器还有拒伪码功能，当输入码超过"1001"时，输出全为"0"，数码管熄灭。

3. 数字显示器（数码管）

数字显示器件有多种不同类型的产品，例如，辉光数字管、荧光数字管、液晶数字管、发光二极管数字管等。但因七段发光二极管数字管具有字形清晰美观、驱动简便、信息安排方便且供电电源低、价格低廉等优点，因而得到广泛应用。

目前常用的是七段数码管（若加小数点 D.P.，则为八段），它由七个半导体二极管（LED）组成。当所有 LED 的阳极连在一起作为公共端时，为共阳数码管；当所有 LED 的阴级连在一起时，则为共阴数码管（BS311201）。使用中切不可混淆。

七段发光二极管数字管由七段条状发光二极管排成字形显示数字。当给相应的某些线段加一定的驱动电流或电压时，这些段就发光，从而显示相应的数字。为了鉴别输入情况，当输入码大于 9 时，七段显示仍显示一定图案。

七段发光二极管显示器有共阳、共阴两种连接形式。其内部发光二极管的连接图分别如图 3-12-4 所示。为限制各发光二极管的电流，可在它们的公共极上串联一只 240 Ω 的限流电阻器。数码管的字形图如图 3-12-5 所示。

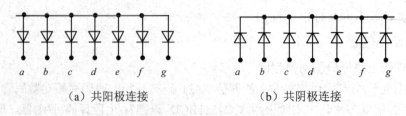

（a）共阳极连接　　　　　　　　　　（b）共阴极连接

图 3-12-4　发光二极管内部连接图

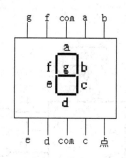

图 3-12-5　七段数码管显示的字形图

四、实验内容及步骤

1. 测试计数器 74LS160 的逻辑功能

① 异步清零功能：$\overline{CR}$ = "0"，观察输出端 $Q_3 \sim Q_0$ 的变化。

② 数据置入：令 $\overline{LD}$ = "0"，$\overline{CR}$ = "1"，将输出端 $Q_3 \sim Q_0$ 接到 LED 发光二极管插孔，输入端 $D_3 \sim D_0$ 端接到十六位逻辑电平开关插孔，置入不同电平，观察并记录 LED 的显示状态，填下表 3-12-2 中。

③ 保持：令 $\overline{CR} = \overline{LD}$ = "1"，CT_P = "0" 或 CT_T = "0" 时，改变输入端 $D_3 \sim D_0$ 为任意值（"0" 或 "1"），输出端 $Q_3 \sim Q_0$ 应如何变化？与 $D_0 \sim D_3$ 的状态是否无关？

④ 加计数：令 $\overline{LD} = \overline{CR} = CT_P = CT_T$ = "1" 时，CP 接至单次脉冲，观察输出端 $Q_3 \sim Q_0$ 如何计数？将上述结果整理列表，总结出计数器 74LS160 的逻辑功能。

表 3-12-2　74LS160 的功能测试表

输　　入									输　　出				功能描述
$\overline{CR}$	$\overline{LD}$	CT_P	CT_T	CP		D_3	D_2	D_1	D_0	Q_3	Q_2	Q_1 Q_0	
0	×	×	×	×		×	×	×	×				
1	0	×	×	↑		0	0	0	0				
						0	0	0	1				
						0	0	1	0				
						0	0	1	1				
						0	1	0	0				
						0	1	0	1				
						0	1	1	0				
						0	1	1	1				
						1	0	0	0				
						1	0	0	1				
1	1	0	×	×		×	×	×	×				
1	1	×	0	×		×	×	×	×				
1	1	1	1	↑		×	×	×	×				

2. 实现一个十进制设计电路

将计数脉冲个数用一位显示器显示出来（用一片 74LS160、一片 CC4511、一片数码管实现）。设计电路图的连接如图 3-12-6 所示。

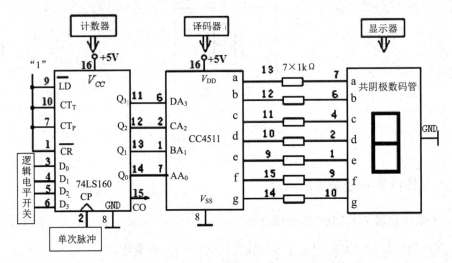

图 3-12-6　十进制计数与译码及显示电路

3. 实验步骤

① 按设计的电路图接好实际电路，接通电源。

② 用单次脉冲在 CP 端逐个输入脉冲，观察数码管显示的字形。并记录显示的十个数字字形，然后根据字形写出 $Q_3 \sim Q_0$ 的变化，记录在表 3-12-3 中。

表 3-12-3

输　　入															输　　出						显示字型
$\overline{CR}$	$\overline{LD}$	CT_P	CT_T	CP					D_3	D_2	D_1	D_0			Q_3		Q_2	Q_1	Q_0		
1	1	1	1	↑					×	×	×	×									
（加计数）																					

五、实验报告

（1）　总结十进制加法计数器 74160 的逻辑功能表。

（2）　画出十进制计数、译码、显示电路、各集成芯片之间及发光二极管的连接图。

六、思考题

（1）　8421 码能表示 0～16 个数字，为什么十进制计数器真值表中只有 0～9？

（2）简述计数、译码、显示的过程，并举例说明。

（3）若采用高电平输出有效的 4 线-7 线译码/驱动器 74LS48，应该用何种类型的数码管？

实验十三　寄存器功能测试及应用

一、实验目的

（1）熟悉寄存器的电路结构和工作原理。

（2）掌握集成移位寄存器 CC40194 的逻辑功能和使用方法。

（3）进一步了解移位寄存器的应用。

二、实验设备及器件

（1）数字逻辑电路实验板，+5 V 直流电源，单次时钟脉冲源和连续时钟脉冲源。

（2）74LS194（或 CC40194）芯片 2 只，74LS30（或 CC4068）芯片 1 只，74LS00（或 CC4011）集成芯片 1 只。

（3）电源插座 1 个，导线若干。

三、实验原理及相关知识

1. 移位寄存器

移位寄存器是一个具有移位功能的寄存器，是指寄存器中所存的代码能够在移位脉冲的作用下依次左移或右移。既能左移又能右移的称为双向移位寄存器，只需要改变左、右移的控制信号便可实现双向移位要求。根据移位寄存器存取信息的方式不同分为：串入串出、串入并出、并入串出、并入并出四种形式。

本实验选用的 4 位双向通用移位寄存器，型号为 CC40194 或 74LS194，两者功能相同，可互换使用，它的引脚排列如图 3-13-1 所示。其控制作用如表 3-13-1 所示。

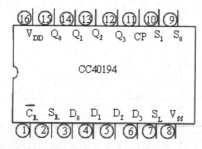

图 3-13-1　移位寄存器 CC40194 引脚排列

管脚①为直接无条件清零端 $\bar{C}_R$，管脚②为右移串行输入端 S_R，管脚⑥、⑤、④、③分别为并行输入端 D_3、D_2、D_1、D_0，管脚⑦为左移串行输入端 S_L，管脚⑧ "负电源端" 或 "地" 端。管脚⑨和⑩为操作模式控制端 S_0 和 S_1，管脚⑪为时钟脉冲控制端 CP，管脚⑫~

⑮为并行输出端 Q_3、Q_2、Q_1、Q_0，管脚⑯为正电源端，接+5 V 直流电压。

CC40194 有 5 种不同操作模式：即并行送数寄存，右移（方向由 $Q_0 \rightarrow Q_3$），左移（方向由 $Q_3 \rightarrow Q_0$），保持及清零。CC40194 中的 S_1、S_0 和 $\overline{C}_R$ 端的控制作用如表 3-13-1 所示。

表 3-13-1

功能	输入									输出			
	CP	$\overline{C}_R$	S_1	S_0	S_R	S_L	D_O	D_1	D_2	D_3	Q_0	Q_1	Q_2	Q_3
清除	×	0	×	×	×	×	×	×	×	×	0	0	0	0
送数	↑	1	1	1	×	×	a	b	c	d	a	b	c	d
右移	↑	1	0	1	D_{SR}	×	×	×	×	×	D_{SR}	Q_0	Q_1	Q_2
左移	↑	1	1	0	×	D_{SL}	×	×	×	×	Q_1	Q_2	Q_3	D_{SL}
保持	↑	1	0	0	×	×	×	×	×	×	Q_0^n	Q_1^n	Q_2^n	Q_3^n
保持	↓	1	×	×	×	×	×	×	×	×	Q_0^n	Q_1^n	Q_2^n	Q_3^n

2. 移位寄存器的应用

移位寄存器应用很广，可构成移位寄存器型计数器、顺序脉冲发生器、串行累加器，可用做数据转换，即把串行数据转换为并行数据，或把并行数据转换为串行数据等。本实验研究移位寄存器用做环形计数器和数据的串、并行转换。

（1）环形计数器

把移位寄存器的输出反馈到它的串行输入端，就可以进行循环移位，如图 3-13-2 所示。把输出端 Q_3 和右移串行输入端 S_R 相连接，用并行送数法预置寄存器为 $Q_0Q_1Q_2Q_3 = 0100$，在时钟脉冲作用下，进行右移循环，$Q_0Q_1Q_2Q_3$ 将依次从 0100→0010→0001→1000 →…，观察寄存器输出端状态的变化，如表 3-13-2 所示。

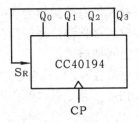

图 3-13-2　移位寄存器的移位连接

表 3-13-2

CP	Q_0	Q_1	Q_2	Q_3
0	0	1	0	0
1	0	0	1	0
2	0	0	0	1
3	1	0	0	0
4	0	1	0	0

（2）实现数据串行/并行转换。

① 串行/并行转换器。

串行/并行转换是指串行输入的数码，经转换电路之后转换成并行输出。图 3-13-3 所示是用二片 CC40194（74LS194）四位双向移位寄存器组成的七位串行/并行数据转换电路。

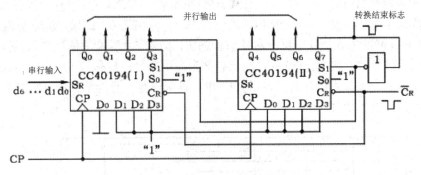

图 3-13-3　七位串行并行数据转换电路

电路中 S_0 端接高电平 1，S_1 受 Q_7 控制，二片寄存器连接成串行输入右移工作模式。Q_7 是转换结束标志。当 $Q_7=1$ 时，S_1 为 0，使之成为 $S_1S_0=01$ 的串入右移工作方式，当 $Q_7=0$ 时，$S_1=1$，有 $S_1S_0=10$，则串行送数结束，标志着串行输入的数据已转换成并行输出了。

串行/并行转换的具体过程如下：

转换前，$\overline{C_R}$ 端加低电平，使 1、2 两片寄存器的内容清 0，此时 $S_1S_0=11$，寄存器执行并行输入工作方式。当第一个 CP 脉冲到来后，寄存器的输出状态 $Q_0 \sim Q_7$ 为 01111111，与此同时，S_1S_0 变为 01，转换电路变为执行串入右移工作方式，串行输入数据由 1 片的 S_R 端加入。随着 CP 脉冲的依次加入，输出状态的变化可列成如表 3-13-3 所示。

表 3-13-3

CP	Q_0	Q_1	Q_2	Q_3	Q_4	Q_5	Q_6	Q_7	说明
0	0	0	0	0	0	0	0	0	清零
1	0	1	1	1	1	1	1	1	送数
2	d_0	0	1	1	1	1	1	1	右移操作七次
3	d_1	d_0	0	1	1	1	1	1	
4	d_2	d_1	d_0	0	1	1	1	1	
5	d_3	d_2	d_1	d_0	0	1	1	1	
6	d_4	d_3	d_2	d_1	d_0	0	1	1	
7	d_5	d_4	d_3	d_2	d_1	d_0	0	1	
8	d_6	d_5	d_4	d_3	d_2	d_1	d_0	0	
9	0	1	1	1	1	1	1	1	送数

由表 3-13-3 可知，右移操作七次之后，Q_7 变为 0，S_1S_0 又变为 11，说明串行输入结束。这时，串行输入的数码已经转换成了并行输出了。

当再来一个 CP 脉冲时，电路又重新执行一次并行输入，为第二组串行数码转换做好了准备。

② 并行/串行转换器。

图 3-13-4 所示是用两片 CC40194（74LS194）组成的七位并行/串行转换电路，图中有两只与非门 G_1 和 G_2，电路工作方式同样为右移。

寄存器清"0"后，加一个转换启动信号（负脉冲或低电平）。此时，由于方式控制 S_1S_0 为 11，转换电路执行并行输入操作。当第一个 CP 脉冲到来后，$Q_0 \sim Q_7$ 的状态为 $D_0 \sim D_7$，并行输入数码存入寄存器。从而使得 G_1 输出为 1，G_2 输出为 0，结果，S_1S_0 变为 01，转换电路随着 CP 脉冲的加入，开始执行右移串行输出，随着 CP 脉冲的依次加入，输出状态依次右移，待右移操作七次后，$Q_0 \sim Q_6$ 的状态都为高电平 1，与非门 G_1 输出为低电平，G_2 门输出为高电平，S_1S_0 又变为 11，表示并行/串行转换结束，且为第二次并行输入创造了条件。转换过程如表 3-13-4 所示。

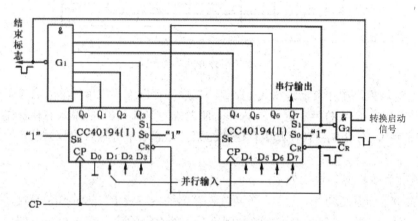

图 3-13-4　七位并行/串行转换器电路

表 3-13-4

CP	Q_0	Q_1	Q_2	Q_3	Q_4	Q_5	Q_6	Q_7	串　行　输　出						
0	0	0	0	0	0	0	0	0							
1	0	D_1	D_2	D_3	D_4	D_5	D_6	D_7							
2	1	0	D_1	D_2	D_3	D_4	D_5	D_6	D_7						
3	1	1	0	D_1	D_2	D_3	D_4	D_5	D_6	D_7					
4	1	1	1	0	D_1	D_2	D_3	D_4	D_5	D_6	D_7				
5	1	1	1	1	0	D_1	D_2	D_3	D_4	D_5	D_6	D_7			
CP	Q_0	Q_1	Q_2	Q_3	Q_4	Q_5	Q_6	Q_7	串　行　输　出						
6	1	1	1	1	1	0	D_1	D_2	D_3	D_4	D_5	D_6	D_7		
7	1	1	1	1	1	1	0	D_1	D_2	D_3	D_4	D_5	D_6	D_7	
8	1	1	1	1	1	1	1	0	D_1	D_2	D_3	D_4	D_5	D_6	D_7
9	0	D_1	D_2	D_3	D_4	D_5	D_6	D_7							

中规模集成移位寄存器，其位数往往以 4 位居多，当需要的位数多于 4 位时，可把几片移位寄存器用级联的方法来扩展位数。

四、实验内容及步骤

1. 验证四位双向移位寄存器 74LS194 的逻辑功能

按图 3-13-5 所示电路连线，观察左移、右移功能。$\overline{C_R}$、S_1、S_0、S_L、S_R、D_0、D_1、D_2、D_3 分别接至逻辑电平开关的输出插口；Q_0、Q_1、Q_2、Q_3 接至逻辑电平显示输入插口。

CP 端接单次脉冲源。按表 3-13-1 所规定的输入状态，逐项进行测试，并测试结果填入表 3-13-5 和表 3-13-6 中。

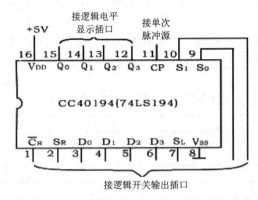

图 3-13-5 74LS194 的逻辑功能测试

（1）清除：令 $\overline{C}_R$ =0，其它输入均为任意态，这时寄存器输出应均为 0.清除后，置 $\overline{C}_R$ =1.

（2）送数：置 $\overline{C}_R$ =1，S_1=S_0=1，令送入任意 4 位二进制，如 $D_0D_1D_2D_3$=0011，加 CP 脉冲，观察 CP=0、CP=由 01、CP 由 10 三种情况下寄存器输出状态的变化，观察寄存器输出状态是否发生在 CP 脉冲的上升沿。

（3）右移：置 $\overline{C}_R$ =1，清零后，令 $\overline{C}_R$ =1，S_1=0，S_0=1，由右移输入端 S_R 送入二进制码如 0100，由 CP 端连续加 4 个脉冲，观察输出情况，记录之。

（4）左移：置 $\overline{C}_R$ =1，先清零或预置，再令 $\overline{C}_R$ =1，S_1=1，S_0=0，由左移输入端 S_L 送入二进制码如 1111，连续加四个 CP 脉冲，观察输出端情况，记录之。

（5）保持：置 $\overline{C}_R$ =1，寄存器预置任意 4 位二进制如 $D_0D_1D_2D_3$=0011，令 $\overline{C}_R$ =1，S_1=S_0=0，加 CP 脉冲，观察寄存器输出状态。

表 3-13-5 右移记录数据

CP	Q_0	Q_1	Q_2	Q_3	说　明
0	0	0	0	0	清零
1	0	1	0	0	送数
2					
3					右移操作四次
4					
5					

表 3-13-6 左移记录数据

CP	Q_0	Q_1	Q_2	Q_3	说　明
0	0	0	0	0	清零
1	1	1	1	1	送数
2					
3					左移操作四次
4					
5					

2. 构成环形计数器

（1）参照图 3-13-2 所示实验要求连接电路，Q0～Q3 用 LED 显示，接至逻辑电平显示输入插口；

（2）实验线路用并行送数法予置寄存器为某二进制数码（如 1000），然后进行右移循环，观察寄存器输出端状态的变化，记入表 3-13-7 中。

表 3-13-7　环节计数器记录数据表

CP	Q_0	Q_1	Q_2	Q_3
0	1	0	0	0
1				
2				
3				
4				

3. 实现数据的串行/并行转换

（1）串行输入、并行输出

按前面的图 3-13-3 所示电路图接线，进行右移串入、并出实验，串入数码自定；改接线路用左移方式实现并行输出。自拟表格，记录结果。

（2）并行输入、串行输出

按前面图 3-13-4 所示电路连线，进行右移并入、串出实验，并入数码自定。再改接线路用左移方式实现串行输出。自拟表格，记录结果。

五、实验报告

（1）总结 74LS194 的逻辑功能；

（2）画出相应的电路图，画出环形计数器的输出波形图。

六、思考题

（1）在对 CC40194 进行送数后，若要使输出端改成另外的数码，是否一定要使寄存器清零？

（2）使寄存器清零，除采用 $\overline{C_R}$ 输入低电平外，可否采用右移或左移的方法？可否使用并行送数法？若可行，如何进行操作？

实验十四　555 时基电路及其应用

一、实验目的

（1）熟悉 555 定时电路的结构、工作原理及其特点；

（2）掌握使用 555 定时器组成单稳态电路、多谐振荡电路和施密特电路。

二、实验主要仪器设备

（1）万用表一只；

（2）双踪示波器一台；

（3）555 时基集成块一片，电阻器 100 kΩ、可变电阻器 10 kΩ、电容器 100 μF 各 1 个，电阻器 5.1 kΩ、电容器 0.01 μF 各 2 个。

三、实验原理及相关知识

1. 555 定时器的结构及工作原理

① 555 集成定时器是模拟功能和数字逻辑功能相结合的一种双极型中规模集成器件。它主要是与电阻器、电容器构成充放电电路，并由两个比较器来检测电容器上的电压，以确定输出电平的高低和放电开关管的通断。这就可以构成从几微秒到数十分钟的延时电路，方便地构成单稳态触发器、多谐振荡器、施密特触发器等脉冲产生或波形转换电路，应用十分广泛。

② 2TTL 集成 555 定时器的引脚排列如图 3-14-1 所示。

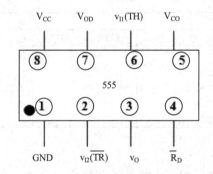

图 3-14-1　555 定时器引脚排列

其中管脚①为"地"端，管脚②为低触发端，管脚③是电路输出端，管脚④是清零端，管脚⑤是为电路的控制电压端，管脚⑥为高触发端，管脚⑦是放电端，管脚⑧为电源端。

③ 555 集成定时器的内部电路结构方框图如图 3-14-2 所示。

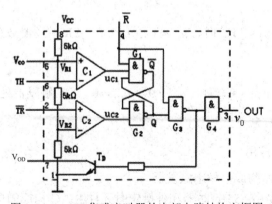

图 3-14-2　555 集成定时器的内部电路结构方框图

由上、下两个电压比较器 C$_1$ 和 C$_2$、三个 5 kΩ 电阻器、一个 RS 触发器、一个放电三极管 T 以及功率输出级组成。在控制电压输入端 V$_{CO}$ 悬空时，$V_{R1}=\dfrac{2}{3}V_{CC}$，$V_{R2}=\dfrac{1}{3}V_{CC}$。如果 V$_{CO}$ 外接固定电压，则 $V_{R1}=V_{CC}$，$V_{R2}=\dfrac{1}{2}V_{CO}$

比较器 C$_1$ 的同相输入端 5 接到由三个 5kΩ 电阻器组成的分压网络的 2/3V_{CC} 处，反相输入端 6 为高触发端电压输入端。比较器 C$_2$ 的反相输入端接到分压电阻网络的 1/3V_{CC} 处，同相输入端 2 为低触发端电压输入端，用来启动电路。两个比较器的输出端控制 RS 触发器。RS 触发器设置有复位端 $\overline{R}$（4），当复位端处于低电平时，输出 3 为低电平。控制电压端 5 是比较器 C$_1$ 的基准电压端，通过外接元件或电压源可改变控制端的电压值，即可改变比较器 C$_1$、C$_2$ 的参考电压。不用时将它与地之间接一个 0.01μF 的电容器，以防止干扰电压引入。555 的电源电压范围是+4.5～+18V，输出电流可达 100～200mA，能直接驱动小型电动机、继电器和低阻抗扬声器。

④ 555 电路功能表如表 3-14-1 所示。

表 3-14-1

输　入			输　出	
清零端 $\overline{R}_D$	高触发端 v$_{I1}$（TH）	低触发端 v$_{I2}$（$\overline{TR}$）	v$_O$	三极管的状态
0	×	×	低	导通
1	> (2/3) V_{CC}	> (1/3) V_{CC}	低	导通
1	< (2/3) V_{CC}	> (1/3) V_{CC}	不变	不变
1	< (2/3) V_{CC}	< (1/3) V_{CC}	高	截止
1	> (2/3) V_{CC}	< (1/3) V_{CC}	高	截止

由功能表可知，

① 当 $v_{I1}>\dfrac{2}{3}V_{CC}$、$v_{I2}>\dfrac{1}{3}V_{CC}$ 时，比较器 C$_1$ 的输出 $u_{C1}=0$，比较器 C$_2$ 的输出 $u_{C2}=1$，SR 触发器被置 0，输出 v_0 为低电平，同时 T_D 导通。

② 当 $v_{I1}<\dfrac{2}{3}V_{CC}$、$v_{I2}>\dfrac{1}{3}V_{CC}$ 时，$u_{C1}=1$、$u_{C2}=1$，SR 触发器保持不变，因而 T_D 和输出 v_0 的状态也维持不变。

③ 当 $v_{I1}<\dfrac{2}{3}V_{CC}$、$v_{I2}<\dfrac{1}{3}V_{CC}$ 时，$u_{C1}=1$、$u_{C2}=0$，SR 触发器被置为 1，输出 v_0 为高电平，同时 T_D 截止。

④ 当 $v_{I1}>\dfrac{2}{3}V_{CC}$、$v_{I2}<\dfrac{1}{3}V_{CC}$ 时，$u_{C1}=0$、$u_{C2}=0$，SR 触发器处于 Q=$\overline{Q}$=1 的状态，输出 v_0 为高电平，同时 T_D 截止。

2. 555 定时器的应用

① 用 555 集成电路构成单稳态触发器

图 3-14-3 所示，是由 555 定时器和外接定时元件 R、C 构成的单稳态触发器，暂稳态的持续时间 t_w（即为延时时间，如图 3-14-4 所示）决定于外接元件 R、C 值的大小，其理

论值由下式决定：

$$t_W=1.1RC$$

通过改变 R、C 的大小，可使延时时间在几个微秒到几十分钟之间变化。

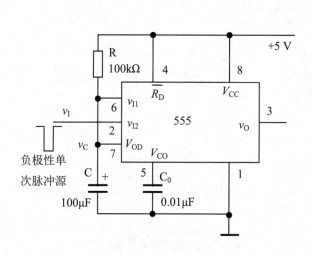

图 3-14-3　单稳态触发器

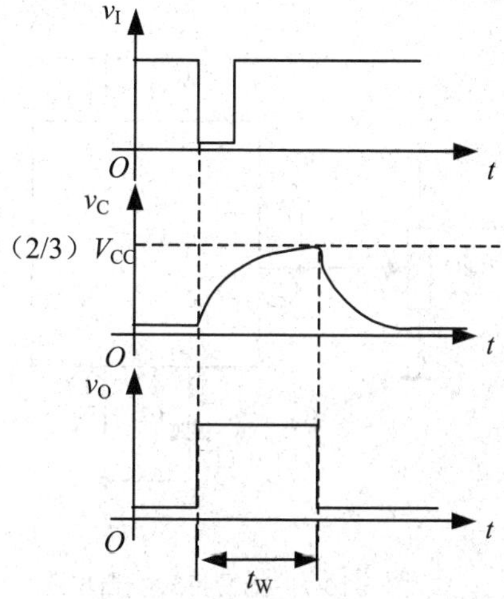

图 3-14-4　单稳态电路的延迟时间

② 用 555 电路构成多谐振荡器

图 3-14-5 所示，由 555 定时器和外接元件 R_1、R_2、C 构成的多谐振荡器。电容器 C 在 $(1/3)\,V_{CC}$ 和 $(2/3)\,V_{CC}$ 之间充电和放电，其波形如图 3-14-6 所示。输出信号的时间参数是

$$T=t_{W1}+t_{W2}\ ,\quad t_{W1}=0.7\,(R_1+R_2)\,C,\quad t_{W2}=0.7R_2C$$

外部元件的稳定性决定了多谐振荡器的稳定性，555 定时器配以少量的元件即可获得较高精度的振荡频率和具有较强的功率输出能力。因此这种形式的多谐振荡器应用很广。

如果同学们有兴趣，可尝试把 R_1 接入 10kΩ电位器，调节电位器的数值，可以调节振荡频率。

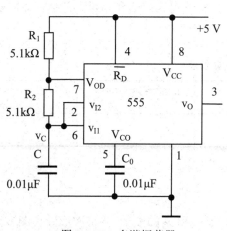

图 3-14-5　多谐振荡器

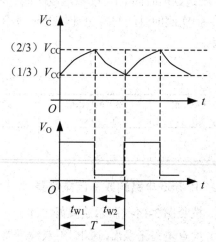

图 3-14-6　多谐振荡器的波形

③ 用 555 电路组成施密特触发器

触发器电路如图 3-14-7 所示，只要将脚②、⑥连在一起作为信号输入端，即得到施密特触发器（其中⑦脚悬空）。如果在 v_I 端输入正弦波，可得出如图 3-14-8 所示的波形图。

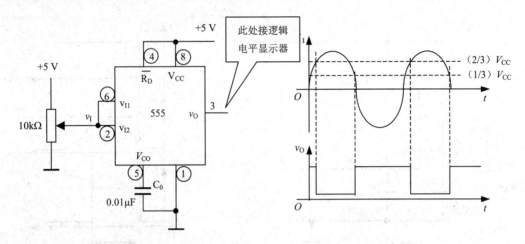

图 3-14-7 施密特触发器电路   图 3-14-8 施密特触发器输出波形

四、实验内容及步骤

1. 用 555 集成电路构成单稳态触发器

① 按照图 3-14-3 所示连接好电路。

② 输入端 v_I（②脚）接实验台的单次负脉冲发生源（接好后先不要按动此按钮），检查电路无误后，通电，用万用表测量 v_O（③脚）端的电压值，这是稳态时的电压，做好记录，填在表 3-14-2 中。万用表继续保留在此位置上不要撤出。

③ 迅速按一下负极性单次脉冲源的按钮，同时开始计时。此时 v_O（③脚）端的电压值会发生翻转，经过一段时间后，v_O（③脚）端的电压值会再次翻转回稳态时的电压，这段时间就是延迟时间 t_W。读出这段时间并做好记录，填在表 3-14-2 中。

④ 把实测的时间与理论计算的时间相比较，找出绝对误差值和相对误差值，分析误差的原因。

表 3-14-2 t_W 的数值表

稳态输出电压值 v_O（V）	脉宽的理论值 t_{W1}（s）	脉宽的实测值 t_{W2}（s）	脉宽的绝对误差（s） $\Delta t_W = |t_{W1} - t_{W2}|$	脉宽的相对误差 （$\Delta t_W / t_{W1}$）×100%

2. 用 555 电路构成多谐振荡器

① 按照图 3-14-5 所示连接好电路。

② 检查电路无误后，通电，用双线示器同时检测 v_C 和 v_O 的波形，并将波形画在图 3-14-9 中，读出 v_O 的周期 T，t_{W1}、t_{W2}，v_C 锯齿波的最大电压值和最小电压值，计算出 v_O 的频率

f，做好记录，填在表 3-14-3 中。

③ 把实测的时间与理论计算的时间相比较，找出绝对误差值和相对误差值，分析误差的原因。

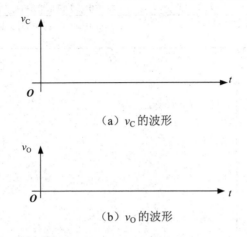

（a）v_C 的波形

（b）v_O 的波形

图 3-14-9 多谐振荡器的实测波形

表 3-14-3

t_{W1} 的理论值（s）	
t_{W1} 的实测值（s）	
t_{W2} 的理论值（s）	
t_{W2} 的实测值（s）	
T 的理论值（s）	
T 的实测值（s）	
T 的绝对误差 $\Delta T = \|T_{实} - T_{理}\|$	
T 的相对误差 $\Delta T / T_{理} \times 100\%$	
实测频率 f（ Hz）	

3. 用 555 电路组成施密特触发器

① 按照图 3-14-7 所示连接好电路。

② 首先把 v_I 调到 0V（使用万用表观测），检查电路无误后，通电，此时与 v_O 连接的逻辑电平显示二极管应发亮。

③ 缓慢增加 v_I 的数值，直至与 v_O 连接的逻辑电平显示二极管熄灭，用万用表记录下此时的 v_I 值，即为 V_{T+}（理论值为 $2V_{CC}/3$），填写至表 3-14-4 中。

④ 缓慢减小 v_I 的数值，直至与 v_O 连接的逻辑电平显示二极管重新发亮，用万用表记录下此时的 v_I 值，即为 V_{T-}（理论值为 $V_{CC}/3$），填写至表 3-14-4 中。

⑤ 把实测的 V_{T+} 与 V_{T-} 与理论值相比较，利用以下式子计算出回差电压

$$\Delta V_T = V_{T+} - V_{T-}$$

⑥ 在图 3-14-10 中画出本实验实际测量的施密特触发器传输特性曲线。

表 3-14-4

V_{T+}的理论值（V）		V_{T+}的测量值（V）	
V_{T-}的理论值（V）		V_{T-}的测量值（V）	
回差电压的理论值$\Delta V_{T理}$（V）		回差电压的测量值$\Delta V_{T测}$（V）	
测量中回差电压的绝对误差ΔV_T（V）		测量中回差电压的相对误差（%）	
$\Delta V_T = \|\Delta V_{T理} - \Delta V_{T测}\|$		$\Delta V_T / \Delta V_{T理} \times 100\%$	

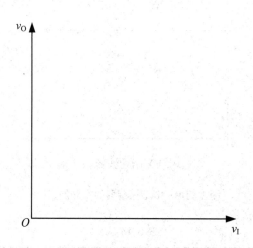

图 3-14-10　施密特触发器传输特性曲线

五、实验报告

（1）　整理所纪录的各项实验有关数据和波形，并进行定性分析。

（2）　总结电路参数对单稳态触发器和多谐振荡器的影响。

六、思考题

（1）　由 555 定时器构成的多谐振荡器中电容器充放电通路分别经过哪几个元件？如何确定其振荡周期？

（2）　由 555 定时器构成的施密特触发器有什么特点和用途？其电压传输特性有何特点？

第四篇　电工电子测量实训

实验一　直流电表内阻的测量

一、实验目的

（1）掌握模拟式直流电压表、电流表内阻的测量方法。

（2）熟悉电工仪表测量误差的计算方法。

二、实验相关知识及原理

（1）为了准确地测量电路中实际的电压和电流，必须保证仪表接入电路后不会改变被测电路的工作状态。这就要求电压表的内阻为无穷大；电流表的内阻为零。而实际使用的模拟式仪表都不能满足上述要求。因此，当测量仪表一旦接入电路，就会改变电路原有的工作状态，就会产生测量误差。测量误差的大小与仪表本身内阻的大小密切相关。只要测出仪表的内阻，即可计算出由其产生的测量误差。

（2）用"分流法"测量电流表内阻的原理电路如图 4-1-1 所示。将被测的电流表和一路可调电阻器并联，调节可调电阻器的大小，使两支路中电流相等，根据流过相同电流的并联支路的电阻器一定相等的原理，就可以通过并联电阻器的电阻值确定电流表的内阻。

图中 R_1 为固定电阻器，R_B 是可调电阻箱。当电流表的内阻较小而超出了电阻箱的读数范围时，就并联一个 R_1 电阻器。否则，R_1 可以省去。

（3）用"分压法"测量电压表内阻的原理电路如图 4-1-2 所示。将被测的电压表和一路可调电阻器串联，调节可调电阻器的大小，使加在它们两端的电压相等，根据电压相等的两个串联电阻值一定相等的原理，就可以通过串联电阻器的电阻值确定电压表的内阻。

同样，R_1 为固定电阻器，R_B 用可调电阻箱。如果电压表的内阻能直接从电阻箱上读出，可以将 R_1 省去。

（4）使用电工仪表进行测量时，都会产生程度不同的测量误差。电工仪表误差的表达形式有三种：绝对误差、相对误差、引用误差（也称为单位相对误差）。

① 绝对误差Δ。指仪表的指示值 A_x 与被测量的实际值 A_0 之差值，即

$$\Delta = A_x - A_0$$

在计算时，可以将标准表的指示值作为被测量的实际值。绝对误差的单位与被测量的单位相同。如没有标准表的情况下，将理论值作为实际值。则绝对误差=测量值-理论值（计算值）。

② 相对误差γ。指绝对误差Δ占被测量实际值 A_0 的百分数，即

$$\gamma = \frac{\Delta}{A_0} \times 100\%$$

相对误差给出了测量误差的明确概念，用它对不同的测量误差进行比较很方便，所以它是一种较为常用的测量误差表示形式。

当我们认识到产生误差的原因后，就可以通过引入修正值的方法进行修正。

三、实验设备

序　号	名　　称	型号与规格	数　量
1	可调直流稳压电源	0～30V	1
2	可调恒流源	0～200 mA 或 0～100 mA	1
3	模拟式万用表	MF—47 或其他	1
4	可调电阻箱	0～99999.9Ω	1
5	电阻器	按需选择	

四、实验电路

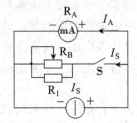

图 4-1-1　分流法测内阻的方法

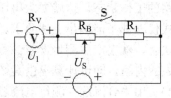

图 4-1-2　分压法测内阻的方法

五、实验内容

1. "分流法"测定电流表的内阻

（1）按图 4-1-1 所示电路接线，被测表先选择模拟式万用表直流电流 0.5 mA 挡。

（2）将直流电流源细调旋置零位。

（3）断开分流电路的开关 S，合上电源开关，慢慢调整电流源细调旋钮，使万用表的指针满偏。

（4）保持电流源的输出不变，合上开关 S，调整电阻箱的电阻值使万用表的指针指在半偏位置时记录 R_B 和 R_1 的电阻值于表 4-1-1 中。

（5）再选择测量万用表直流电流 5mA 挡，步骤同上。

表 4-1-1

量　程	测　量　值				计　算　值
	S 断开 I_A（mA）	S 闭合 I_A（mA）	R_1（Ω）	R_B（Ω）	R_A（Ω）
0.5 mA					
5 mA					

2. "分压法"测定电压表的内阻

（1） 按图 4-1-2 所示电路接线，被测表先选择式万用表直流电压 2.5V 挡。

（2） 将直流电压源的输出调零。

（3） 合上电源开关与开关 S，慢慢调整电压源输出，使万用表的指针满偏。

（4） 保持电源的输出不变，断开开关 S，调整电阻箱的电阻值使万用表的指针指在半偏位置时记录 R_B 和 R_1 的电阻值于表 4-1-2 中。

（5） 再选择测量万用表直流电流 10V 挡的内阻，步骤同上。

表 4-1-2

量　　程	测　量　值				计　算　值
	S 断开 U_1（V）	S 闭合 U_1（V）	R_1（kΩ）	R_B（kΩ）	R_V（kΩ）
2.5 V					
10V					

3. 研究用电压表测量电压时其内阻对测量结果的影响

（1） 按图 4-1-3 所示电路接线。

（2） 将电压源输出调至 12 V。

（3） 开启电源，用电压表 10 V 挡测量 R_1 上的电压 U_{R1} 之值，记录于表 4-1-3 中。

（4） 根据电路计算出 R_1 上的实际电压 U_{R1}，并计算绝对误差和相对误差。

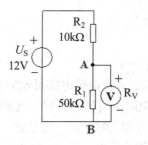

图 4-1-3　电压表内阻对测电压的影响

表 4-1-3

测　量　值		计　算　值		
R_{10V}（kΩ）	U_{R1}（V）	U_{R1}（V）	绝对误差 Δ	相对误差 γ

六、注意事项

（1） 在开启电源开关前，应将两路电压源的输出调节旋钮调至最小（逆时针旋到底），接通电源后，再根据需要缓慢调节。

（2） 当恒流源输出端接有负载时，如果需要将其粗调旋钮由低挡位向高挡位切换时，必须先将其细调旋钮调至最小。否则输出电流会突增，可能会损坏外接器件。

（3） 电压表应与被测电路并接，电流表应与被测电路串接，并且都要注意正、负极性与量程的合理选择。

（4） 实验内容 1、2 中，R_1 的取值应与 R_B 相近。

（5） 本实验仅测试指针式仪表的内阻。由于所选指针表的型号不同，本实验中所列的电流、电压量程及选用的 R_B、R_1 等均会不同。实验时应按选定的表型自行确定。

七、思考题

（1） 为什么电流表的内阻越小越好，电压表的内阻越大越好？
（2） 由于仪表的内阻产生的误差属于哪一类测量误差？

八、实验报告

（1） 完成各表中的计算数据。
（2） 实验收获及体会。

实验二　电阻器的测量

一、实验目的

（1） 熟悉单臂电桥的面板结构，掌握其使用方法及注意事项。
（2） 熟悉双臂电桥的面板结构，掌握其使用方法及注意事项。

二、实验原理及相关知识

1. 直流单臂电桥

用于测量中值电阻，准确度高。直流电桥电路原理如图 4-2-1 所示，它由四个电阻器连接成一个封闭的环行电路，每个电阻器均称为桥臂。电桥的两个顶点 a、b 端为输入端，接电桥的直流电源，另两个顶点 c、d 端为输出端，接检流计。四个桥臂电阻器中，R_X 为被测电阻器，其余均为标准电阻器，测量时接通电桥电源，调节标准电阻器，使检流计指示为零，即 $Ig=0$，此时电桥处于平衡状态，c、d 两点的电位相等，即 $R_XI_1= R_4I_4$，$R_2I_2= R_3I_3$，当 $Ig=0$ 时，$I_1=I_2$，$I_3=I_4$，可以得到 $R_X/R_2=R_4/R_3$ 或者 $R_XR_3=R_2R_4$，由此可得 $R_X= R_2R_4/ R_3$。电桥中 R_2 / R_3 称为比例臂，也称为电桥的倍率；R_4 称为比较桥臂。因此，当调节电桥使其达到平衡时，比较臂 R_4 乘以倍率 R_2 / R_3 即可得到被测电阻器 R_X 的电阻值。由于被测电阻器是与标准电阻器进行比较，而标准电阻器的准确度很高，检流计的灵敏度也很高，因此电桥测量电阻值的准确度是很高的。一般直流单臂电桥的准确度等级有 0.01、0.02、0.05、0.1、0.2、0.5、1.0、1.5 八个等级。当电桥平衡时，$R_X=$比率臂读数×比较臂读数。

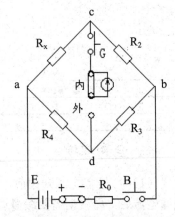

图 4-2-1　单臂电桥原理电路

2. 直流双臂电桥

直流双臂电桥又称为凯尔文电桥，主要用于测量 1 Ω以下的小电阻值，如测量电流表的分流电阻、电动机或变压器绕组的电阻，以及其他不能用单臂直流电桥测量的小电阻值。它可以消除接线电阻和接触电阻的影响。一般测量时，连接线电阻和接触电阻大约为 $10^{-4} \sim 10^{-2}$ 数量级，如果这个值与被测电阻值相比已不能忽略时，就应该使用直流双臂电桥测量。

直流双臂电桥的电路原理和接线图如图 4-2-2 所示。其中 R_X 为被测电阻器，R_X 与 R_N、R_1、R_2、R_3、R_4 组成各桥臂，其中 R_X 和 R_N 都有两对接头，即电流接头 C_1、C_2 和电位接头 P_1、P_2。电阻值就是指 P_1、P_2 之间的值。

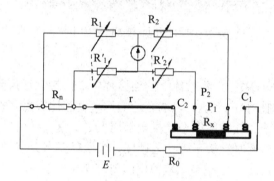

图 4-2-2　双臂电桥原理电路

测量时接入被测电阻器 Rx，用一根粗导线把 R_N 和 Rx 连接起来，与电源组成一闭合回路，这时 R_N 和 Rx 接线电阻和接触电阻都包含在这一支路里了。调节各桥臂电阻值，使电桥处于平衡状态，即检流计为零，此时，不论 R 的大小如何，只要能保证 $R_3/R_1=R_4/R_2$，则 $Rx=R_N \times R_2/R_1$。在制造时，R_3 与 R_1、R_4 与 R_2 都采用同轴转换开关同步调节，使之保持比例相等。$R_X=$比率臂读数×（步进盘读数+滑线盘读数）。

三、实验设备

序　号	名　　称	型号与规格	数　量
1	单臂电桥	QJ—23	1
2	双臂电桥	QJ—44	1
3	中值电阻	几欧~几千欧	若干
4	外附式分流器	不定	1

四、实验步骤

1. 单臂电桥

QJ—23 型单臂直流电桥表面键钮分布如图 4-2-3 所示。

图 4-2-3　QJ—23 型单臂直流电桥

（1）　使用方法。

①　首先，打开检流计锁扣，将检流计的连接片由"内接"切换到"外接"，调零。

②　使用万用表粗测被测电阻值，以选合适的比率臂和比较臂。按表 4-2-1 所列要求测量。选择的原则：尽量使比较臂的四个挡位全都用上。

③　按下"B"按钮后顺时针旋一下使之锁住，然后轻轻点"G"按钮，若指针"+"偏，应增加比较臂电阻值；反之，应减小比较臂电阻值。至于增加哪一位数字应视指针偏转的幅度大小而定，偏转幅度很大就增加高位数字，偏转幅度很小，就增加低位数字。

④　经反复调节电桥平衡时，即检流计为零。读比率臂与比较臂的数值，计算出 R_X 的值。

⑤　用毕，先将"G"按钮弹出，再将"B"按钮弹出，并用锁扣锁住检流计，以免搬动时将检流计的弹簧游丝震断。

（2）　注意事项。

①　单臂电桥在打开锁扣后，切勿随便将"B"、"G"按钮按下，以免损坏电桥。

②　电桥和被测电阻器的连接线应尽量短，且接头处应无明显的氧化层。

③　在测量时，被测电阻器、检流计和外接电源的连接片要接牢。

④　在测电感线圈的直流电阻值时，务必应先按"B"再按"G"按钮；先松"G"再松"B"。

⑤　用毕，一定要将"B"按钮旋出，锁住检流计。

⑥　如果测量的电阻值比较大，电桥的偏转不够灵敏，还应在外接电源端钮两端接入合适的外接电源。

表 4-2-1

测量范围	比率臂读数	比较臂读数	测量值 R_X
几欧			
几十欧			
几百欧			
几千欧			

2. 双臂电桥

QJ—44 型双臂直流电桥表面键钮分布如图 4-2-4 所示。

图 4-2-4　QJ—44 型双臂直流电桥

（1）使用方法。

① 打开晶体管检流计电源开关 K_1，调零。

② 将晶体管检流计的灵敏度置于较低的位置。

③ 接入被测电阻器。

④ 任意选择比率臂和比较臂。

⑤ 先按下"B"按钮，再按下"G"按钮，观察指针的偏转情况，调节比率臂和比较臂使指针指在零位。增加灵敏度至最高，再调节比较臂使指针指零，此时电桥平衡。

⑥ 读比率臂与比较臂的数值，计算出 R_X 的值.

（2）注意事项。

① 正确接线时被测电阻器的四个接线端应依次接在双臂电桥的四个接线端子上。被测电阻器要接牢。

② 测量刚开始时，灵敏度旋钮一定置于较低的位置。

③ 在测电感线圈的直流电阻值时，务必应先按"B"再按"G"按钮；松开时，先松"G"再松"B"。

④ 测量时要尽量减少"B"按钮接通的时间，以免电池无谓的损耗。用毕，一定要将"B"按钮旋出。

（3）测量内容。

① 在正确接线的情况下测量外附式分流器的电阻值，如图 4-2-5 所示。

② 在错误接线的情况下测量外附式分流器的电阻值，如图 4-2-6 所示。

③ 测量数据记录于表 4-2-2 中。

表 4-2-2

接线情况	比率臂读数	比较臂读数		测量值 R_X
		步进盘的读数	滑线盘的读数	
正确接线				
错误接线				

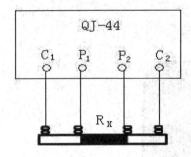

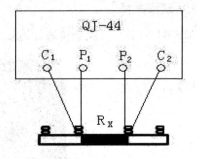

图 4-2-5　双电桥的正确接线　　　　　图 4-2-6　双电桥的错误接线

五、思考题

（1）　单臂电桥和双臂电桥的准确度为什么较高？

（2）　双臂电桥的测量结果中为什么可以忽略接线电阻值和接触电阻值？

六、实验报告

（1）　根据测量时记录的数据算出测量值的大小。

（2）　在什么情况下，必须应先按"B"再按"G"按钮；松开时，先松"G"再松"B"，说明原因？

（3）　双臂电桥错误接线时的测量数据中包含了什么电阻值？

实验三　功率因数及相序的测量

一、实验目的

（1）　掌握三相交流电路相序的测量方法。

（2）　熟悉功率因数表的使用方法。

（3）　了解负载性质对功率因数的影响。

二、实验相关知识

在实际工作中，经常需要测定三相电源的相序。图 4-3-1 为相序测量原理电路，用以测定三相电源的相序 U、V、W（或 A、B、C）。它是由一个电容器和两个白炽灯联接成的星形不对称三相负载电路。如果电容器所接的是 U 相，则灯光较亮的是 V 相，较暗的是 W 相，由此可判断出 U、V、W 三相。任何一相均可作为 U 相，但 U 相确定后，V 相和 W 相也就确定了。

$$令\ \dot{U}_U = U \angle 0°\ ,\quad \frac{1}{\omega C} = R = \frac{1}{G}$$

则 $\dot{U}_{N'N} = \dfrac{\dot{U}_{U}\,j\omega C + \dot{U}_{V}\,G + \dot{U}_{W}\,G}{j\omega C + 2G} = (-0.2 + j0.6)U = 0.63\angle 108.4°$

$\dot{U}_{VN'} = \dot{U}_{VN} - \dot{U}_{NN'} = U\angle -120° - U(-0.2 + j0.6)$

$\quad = (-0.3 - j1.47)U = 1.5U\angle -101.6°$

$\dot{U}_{WN'} = \dot{U}_{CN} - \dot{U}_{NN'} = U\angle 120° - U(-0.2 + j0.6)$

$\quad = (-0.3 + j0.266)U = 0.4U\angle 138.4°$

由以上结论可以判定：电容器所在的那一相若定为 U 相，则白炽灯比较亮的为 V 相，较暗的为 W 相。

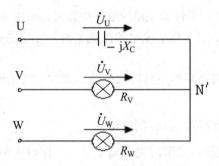

图 4-3-1　相序测量原理图

三、实验设备

序　号	名　称	型号与规格	数　量
1	单相功率表	0～500 V，0～5 A 或 0～600 V，0～2 A	1
2	交流电压表（万用表）	0～500 V	1
3	交流电流表	0～5 A 或 0～1 A	1
4	白炽灯组负载	15 W/220 V 或其他	2
5	电感线圈	40 W 或 30 W 镇流器	1
6	电容器	1 μF/550 V，4.7 μF /500 V	1

四、实验电路

图 4-3-2 所示为功率和功率因数测量电路。

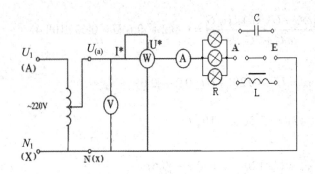

图 4-3-2　功率和功率因数测量电路

五、实验步骤

1. 相序的测量

（1）用 220 V、15W 白炽灯和 1μF/500V 电容器，按图 4-3-1 所示电路接线，经三相调压器接入相电压为 220 V 的三相交流电源，观察两只灯泡的亮、暗，判断三相交流电源的相序。

（2）将电源线任意调换两相后再接入电路，观察两灯的明亮状态，判断三相交流电源的相序。

2. 电路功率 P 和功率因数 cosφ 的测量

按图 4-3-2 所示电路接线，调节总电压为 220 V。按表 4-3-1 要求，在 A、E 间接入不同器件，记录 cosφ 表及其他各表的读数，并分析负载性质（可从功率因数表判断）。

表 4-3-1

A、E 间情况	U（V）	U_R（V）	U_L（V）	U_C（V）	I（A）	P（W）	cosφ	负载性质
短接								
C								
L								
L 和 C 并联								

六、注意事项

（1）每次改接线路都必须先断开电源。

（2）按图 4-3-2 所示电路接线时，C 为 4.7 μF/500 V，L 为 40 W 或 30 W 日光灯镇流器。

七、思考题

根据电路理论，分析图 4-3-1 所示电路检测相序的原理。

八、实验报告

（1）如果在图 4-3-1 中的 U 相接入电感元件，则 V、W 两相的灯哪个较亮。这时相序如何判定？

（2）分析负载性质与 $\cos\varphi$ 的关系。

实验四　三相电路有功功率的测量

一、实验目的

（1）学会各种方法测量三相电路有功功率的接线方法。

（2）根据功率表的读数计算电路中的有功功率。

二、实验相关知识

（1）三相负载有功功率的测量有三种方法，分别是一表法、两表法和三表法。

（2）一表法用于负载对称的三相电路，通过测量一相的有功功率，然后乘以 3 就是三相电路的总功率。

（3）两表法适用于三相三线制，无论负载对称或不对称，星形或三角形连接的电路有功功率的测量，两表读数的代数和为三相电路的总功率。负载对称时 $P = 3U_p I_p \cos\varphi$。

（4）三表法适用于三相四线制电路，此电路负载一般是不对称的，三表读数之和为三相电路的总功率，即 $P = P_U + P_V + P_W$。

（5）两表法接线应遵守的规则是：

① 两块功率表的电流线圈可以串接在三相中的任意两相上，"发电机端"接在电源侧，使电流线圈流过线电流。

② 两块功率表的电压线圈的"发电机端"接在电流线圈所在相上，另一端则接至没有电流线圈的公共相上，使电压支路加线电压，如图 4-4-1 所示。

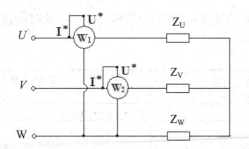

图 4-4-1　两块功率表的接线方法

（6）用两表法测量三相有功功率时，每一块表的读数本身没有具体物理意义，即使在对称的三相电路中，两块表的读数也不一定相等，而是与负载的功率因数角有关。星形连接电路中负载对称时，对应的的相量图如图 4-4-2 所示。由图中可知，$\dot{U}_{\mathrm{UW}}$ 与 $\dot{I}_{\mathrm{U}}$ 的相位差角为（$30°-\varphi$），$\dot{U}_{\mathrm{VW}}$ 与 $\dot{I}_{\mathrm{V}}$ 相位差角（$30^0+\varphi$），因此两功率表的读数分别为

$$P_1 = U_{\mathrm{UW}}I_{\mathrm{U}}\cos(30°-\varphi) = U_1I_1\cos(30^0-\varphi)$$
$$P_2 = U_{\mathrm{VW}}I_{\mathrm{V}}\cos(30°+\varphi) = U_1I_1\cos(30^0+\varphi)$$

式中，U_1、I_1 分别为线电压和线电流。

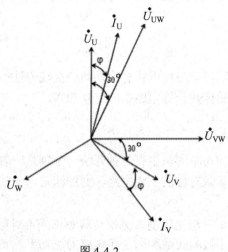

图 4-4-2

由此可以看出，两功率表的读数与 φ 角有如下关系：

① 当 $\varphi=0$ 时，即负载为纯电阻性负载时，$P_1 = P_2 = U_1I_1\cos30°$，即两功率表读数相等。$P = 2P_1$ 或 或 $P = 2P_2$ 或 ；

② 当 $\phi = \pm30°$ 时，$P_1 = 2P_2$ 或 $P_2 = 2P_1$，即一块表的读数是另一块表读数的 2 倍。$P = P_1 + P_2$ ；

③ 当 $\phi = \pm60°$ 时，$P_2 = 0$ 或 $P_1 = 0$，即有一块表的读数为零。$P = P_1$ 或 或 $P = P_2$ 或 ；

④ 当 $|\phi| > 60°$ 时，$P_2 < 0$ 或 $P_1 < 0$，即有一块表的读数为负值（指针反偏），$P = P_1 - P_2$。为了获取读数，将功率表的换向开关由 "+" 转至 "-"，此时的读数应为负值。

三、实验设备

序　号	名　　称	型号与规格	数　　量
1	万用表或交流电压表		1
2	交流电流表	0～5 A 或 0～1 A	1
3	单相功率表		2
4	三相自耦调压器		1
5	三相灯组负载或三相负载板	15 W /220 V 或 25W /220 V 白炽灯	9
6	三相电容负载	4.7 μF/ 500 V	3
7	电流表测试座		

四、实验电路

（1）一表法测量三相电路的连接方法如图 4-4-3 所示。

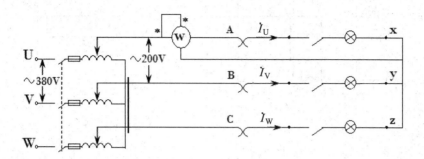

图 4-4-3　一表法测量三相电路的接线方法

（2）两表法测量三相负载星形连接电路如图 4-4-4 所示。

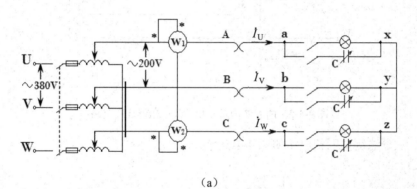

（a）

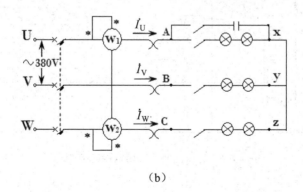

（b）

图 4-4-4　两表法测量三相负载星形连接电路

（3）两表法测量三相负载三角形连接电路如图 4-4-5 所示。

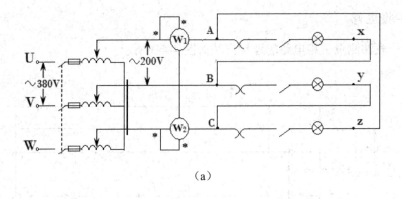

（a）

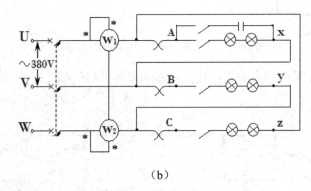

（b）

图 4-4-5　两表法测量三相负载三角形连接电路

（4）　三表法测量三相电路如图 4-4-6 所示。

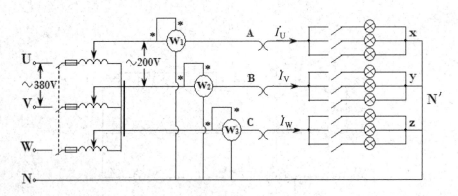

图 4-4-6　三表法测量三相电路连接方法

五、实验步骤

1. 一表法测量三相电路有功功率

（1）　检查调压器是否置零，按图 4-4-3 所示电路接线。

（2）　经老师检查后，启动电源。

（3）调节调压器，使输出线电压为 200 V。

（4）在负载对称的情况下，测量各相电压、各相电流并读功率表上的读数，记录于表 4-4-1 中。

（5）测量完毕将负载灯关闭，然后将调压器归零，关电源。

表 4-4-1

负载情况	测 量 数 据						计算值（W）	测量数据（W）	计算值（W）
	相电压（V）			相电流（A）			$\sum P$	P	$\sum P$
	U 相	V 相	W 相	U 相	V 相	W 相			
负载对称									

2. 两表法测量三相电路有功功率

（1）负载星形连接。

① 检查调压器是否置零，按图 4-4-4（a）所示电路接线。分立元件按图 4-4-4（b）所示电路接线。

② 经老师检查后，启动电源。

③ 调节调压器，使输出线电压为 200V（分立元件不需调节）。

④ 电容器开关处于断开状态。按表 4-4-2 的要求将测量值记录表中。

（2）研究在负载对称情况下，两功率表的读数与负载功率因数角 φ 的关系。

① 按图 4-4-4（a）所示电路接线。

② 按表 4-4-3 的要求将测量值记录其中。

③ 测量完毕，将负载灯关闭，然后将调压器归零，关电源。

表 4-4-2

负载情况		测 量 数 据						计算值（W）	测量数据（W）		计算值（W）
		相电压（V）			相电流（A）			$\sum P$	P_1	P_2	$\sum P$
		U 相	V 相	W 相	U 相	相 V	W 相				
星形连接	负载对称										
	负载不对称										
三角形连接	负载对称										
	负载不对称										

表 4-4-3

每一相负载情况	测 量 数 据				计 算 值	
	U_p（V）	I_p（A）	P_1（W）	P_2（W）	$\sum P$（W）	φ
3 盏灯和 1 个 2.2 μF						
3 盏灯和 1 个 1 μF、4.7 μF						
3 盏灯和 1 个 2.2 μF、4.7 μF						
1 盏灯和 1 个 1 μF、2.2 μF、4.7 μF						

（3） 负载三角形连接

① 检查调压器是否置零，按图 4-4-5（a）所示电路接线。分立元件按图 4-4-5（b）所示电路接线。

② 经老师检查后，启动电源。

③ 调节调压器，使输出线电压为 200V（分立元件不需调节）。

④ 按表 4-4-2 的要求将测量值记录其中。

⑤ 测量完毕，将负载灯关闭，然后将调压器归零，关电源。

3. 三表法测量三相电路有功功率

（1） 检查调压器是否置零，按图 4-4-6 所示电路接线，先在 U、V 两相上分别各接入一块功率表。

（2） 经老师检查后，启动电源开关。

（3） 调节调压器，使输出线电压为 200 V。

（4） 在负载对称时，测量各相电压、各相电流并读两功率表的读数。

（5） 在负载不对称时，测量各相电压、各相电流并读两功率表的读数。

（6） 从 U、V 两相上拆下功率表，接在 W 相上一块，在负载对称或不对称时分别读出 W 相功率。测量数据均记录于表 4-4-4 中。

（7） 测量完毕，将负载灯关闭，然后将调压器归零，关电源。

表 4-4-4

负载情况	测量数据（U/V、I/A）						计算值（W）	测量数据（W）			计算值（W）
	U_U	U_V	U_W	I_U	I_V	I_W	$\sum P$	P_1	P_2	P_3	$\sum P$
负载对称											
负载不对称											

六、注意事项

（1） 本实验采用三相交流电，线电压为 200V，实验时要注意人身安全，切勿将电流表插头的接线两端插在三相电源的插孔中，以免造成巨大危险。

（2） 通电之前一定要检查调压器是否归零，以免接通电源时，加在灯泡两端的电压过大使之损坏。

（3） 每次接线完毕，同组同学应自查一遍，然后由指导教师检查后，方可接通电源，切勿带电接线、拆线或改接线。

七、思考题

（1） 用单相功率表测量三相有功功率有几种方法？各适用条件是什么？

（2） 两表法测量三相电路有功功率的接线原则是什么？

（3） 测量功率时为什么在线路中通常都接有电流表和电压表？

（4） 不对称电路三相功率的计算方法。

（1） 完成表格中的各项计算。

（2） 根据表 4-4-3 中的数据，你能得出什么结论？

实验五　三相电路无功功率的测量

一、实验目的

（1） 加深对测量三相无功功率的各种方法的认识。

（2） 学会跨相法的接线方法。

（3） 学会根据功率表的读数计算电路中的无功功率。

二、实验相关知识

（1） 三相对称电路中总无功功率等于任意一相无功功率的 3 倍；三相不对称电路中总无功功率等于每一相无功功率之和，即：

$$\sum Q = Q_{\mathrm{U}} + Q_{\mathrm{V}} + Q_{\mathrm{W}} = U_{\mathrm{U}}I_{\mathrm{U}}\sin\varphi_{\mathrm{U}} + U_{\mathrm{V}}I_{\mathrm{V}}\sin\varphi_{\mathrm{V}} + U_{\mathrm{W}}I_{\mathrm{W}}\sin\varphi_{\mathrm{W}} 。$$

（2） 三相无功功率的测量方法有：一表跨相法、两表跨相法、三表跨相法等。

（3） 跨相法的接线原则是：电流线圈串接在任意一相上，"发电机端"或"*"接在电源侧；电压线圈则跨接在其他两相上，"发电机端"或"*"按正相序接在电流线圈所在相的下一相上。

① 一表跨相法适用于对称的三相电路，功率表的读数乘以 $\sqrt{3}$ 就是三相无功功率。其原理电路和相量图如图 4-5-1 所示。

功率表的读数为：$P = U_{\mathrm{VW}}I_{\mathrm{U}}\cos(90° - \phi) = U_{\mathrm{l}}I_{\mathrm{l}}\sin\phi$

则三相无功功率为：$Q = \sqrt{3}P$

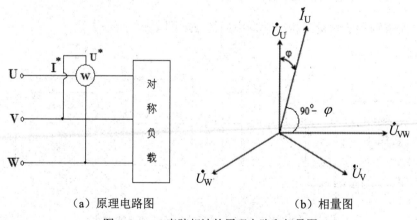

（a）原理电路图　　　　　　（b）相量图

图 4-5-1　一表跨相法的原理电路和相量图

② 两表跨相法适用于负载对称而电源电压不对称的电路。负载对称时两功率表读数相等，三相无功功率是两功率表读数之和乘以 $\sqrt{3}/2$。

功率表的读数为：$P = P_1 + P_2 = 2U_1 I_1 \sin\varphi$

则三相无功功率为：$Q = \dfrac{\sqrt{3}}{2}(P_1 + P_2)$

③ 三表跨相法适用于电源电压对称而负载不对称的三相电路，三块功率表读数之和乘以 $1/\sqrt{3}$ 就是三相无功功率。即 $Q = \dfrac{1}{\sqrt{3}}(P_1 + P_2 + P_3) = \dfrac{\sqrt{3}}{3}(P_1 + P_2 + P_3)$。

三、实验设备

序　号	名　　称	型号与规格	数　量
1	交流电压表	0～500V	1
2	交流电流表	0～5A	1
3	单相功率表		2
4	三相自耦调压器		1
5	三相灯组负载	15W/220 V 或 15W/220 V 白炽灯	9
6	三相电容器	4.7μF/ 500V	3

四、实验电路

（1） 一表跨相法测量三相无功功率的接线如图 4-5-2 所示。

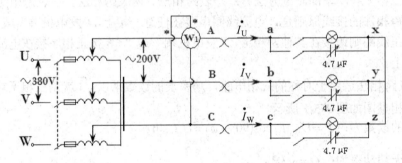

图 4-5-2　一表跨相法测量三相无功功率的接线

（2） 两表跨相法测量三相无功功率的接线如图 4-5-3 所示。

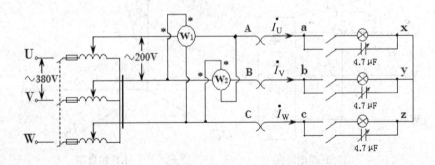

图 4-5-3　两表跨相法测量三相无功功率的接线

（3） 三表跨相法测量三相无功功率的接线如图 4-5-4 所示。

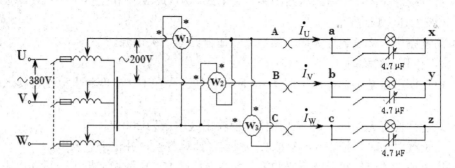

图 4-5-4　三表跨相法测量三相无功功率的接线

五、实验步骤

1. 一表跨相法测量三相对称负载的无功功率

（1） 检查调压器是否置零，按图 4-5-2 所示电路接线。

（2） 经老师检查无误后，调节调压器，使输出线电压为 200V。

（3） 在负载对称时，按表 4-5-1 要求，测量、计算各值，并记录于表中。

（4） 测量完毕，将负载灯关闭，然后调压器归零，关电源。

表 4-5-1

测量数据			计 算 值	测量数据	计 算 值
U_1（V）	I_1（A）	$\cos\varphi$	ΣQ（var）	P（W）	ΣQ（var）

2. 两表跨相法测量三相对称负载的无功功率

（1） 检查调压器是否置零。按图 4-4-3 所示电路接线。

（2） 经老师检查无误后，调节调压器，使输出线电压为 200V。

（3） 在负载对称时，按表 4-4-2 要求，测量、计算各值，并记录于表中。

（4） 测量完毕，将负载灯关闭，然后调压器归零，关电源。

表 4-5-2

测量数据			计 算 值	测量数据		计 算 值
U_1（V）	I_1（A）	$\cos\varphi$	ΣQ（var）	P_1（W）	P_2（W）	ΣQ（var）

3. 三表跨相法测量三相负载的无功功率

（1） 负载对称时

① 检查调压器是否置零。按图 4-5-4 所示电路接线。先在 U、V 两相上分别各接入一只功率表。

② 经老师检查无误后，调节调压器，使输出线电压为 200 V。

③ 在负载对称时，按表 4-5-3 要求，测量、计算各值，并记录于表中。

④ 将负载灯关闭，然后调压器归零，关电源。从 U、V 两相上拆下一只功率表，接在 W 相上，按上述步骤进行。

⑤ 测量完毕，将负载灯关闭，然后将调压器归零，关电源。

（2） 负载不对称时

① 检查调压器是否置零，按图 4-5-4 所示接线。先在 U、V 两相上分别各接入一块功率表。

② 经老师检查无误后，调节调压器，使输出线电压为 200 V。

③ 在负载对称时，按表 4-5-3 要求，测量、计算各值，并记录于表中。

④ 将负载灯关闭，然后调压器归零，关电源。从 U、V 两相上拆下一只功率表，接在 W 相上，按上述步骤进行。

⑤ 测量完毕，将负载灯关闭，然后将调压器归零，关电源。

表 4-5-3

负载情况	测量数据			计 算 值
对称	P_1（W）	P_2（W）	P_3（W）	$\sum Q$（var）
不对称				

六、注意事项

（1） 本实验采用三相交流电，线电压为 200 V，实验时要注意人身安全，切勿将电流表插头的接线两端插在三相电源的插孔中，以免造成巨大危险。

（2） 通电之前一定要检查调压器是否归零，以免接通电源时，加在灯泡两端的电压过大使之损坏。

（3） 每次接线完毕，同组同学应自查一遍，然后由指导教师检查后，方可接通电源，必须严格遵守先断电、再接线、后通电；先断电、后拆线的实验操作原则。

七、思考题

（1） 两表法测量三相电路有功功率的适用条件和接线原则是什么？

（2） 两表跨相法测量无功功率的适用条件是什么？

八、实验报告

（1） 跨相法的接线原则是什么？

（2） 完成表格中的各项计算。

实验六　单相电能表的校验

一、实验目的

（1） 掌握单相电能表的接线方法。

（2）学会电能表的校验方法。

（3）观察单相电能表错误接线时产生的现象。

（4）了解什么是潜动及对潜动的要求。

二、实验原理及相关知识

（1）电能表的原理：感应式电能表的主要是由驱动元件、转动元件、制动元件和积算机构四大元件构成的。当单相电能表工作时，在电压铁芯和电流铁芯中都会产生交变磁通。交变的电压磁通和电流磁通穿过铝盘时会在铝盘上产生涡流。彼此的涡流和磁通相互作用产生电磁力矩使铝盘转动。同时铝盘切割制动元件（永久磁铁）的磁感线产生制动力矩，当制动力矩与转动力矩相等时，铝盘做匀速转动，铝盘的转速与负载的功率成正比，在一段时间内负载所消耗的电能 W 就与铝盘的转数 N 成正比。即 $C = \dfrac{N}{W}$，比例系数 C 称为电能表常数，常在电能表的铭牌上标明，其单位是转/千瓦小时。电能表就是通过在一段时间内积算铝盘的转数来计量电能的。

（2）电能表的潜动：是指负载电流等于零时，电能表仍出现缓慢转动的现象。按照规定，无负载电流时，在电能表的电压线圈上施加其额定电压的110%（达242 V）时，观察其铝盘的转动是否超过一圈，凡超过一圈者，判为潜动不合格。

（3）电能表的校验方法通常有两种，一种是标准表法，一种是功率表—秒表法。

标准表法是将被校电能表与标准电能表直接比较，从而确定被校表的误差。校验时将被校表与标准电能表同时接入同一电路，在同一负载下，比较两表在同一时间内铝盘的转数，从而计算出被校表的相对误差。如果被校表的转数为 n_x（当被校电能表的常数与标准电能表的常数不相等时，还需将测量的转数进行折算），标准表的转数为 n_0，则电能表的相对误差为

$$\gamma = \frac{n_x - n_0}{n_0} \times 100\%$$

功率表—秒表法是将一块标准的功率表接入被校电能表电路，用功率表测出电能表所测负载的功率 P，用秒表测量出电能表铝盘转 N 转所需要的时间 t，然后就可以通过以下过程计算出电能表的误差。

先根据 P 和电能表常数 C 计算出铝盘转 N 转所需要的理论时间 T

$$T = 3600 \times \frac{N}{CP} (\text{s})$$

然后用 $\gamma = \dfrac{T-t}{t} \times 100\%$ 计算出电能表的误差。再与电能表的准确度等级相比较，看是否合格。

（4）国产电能表的接线一般遵照"相线1进2出，零线3进4出"的接线原则。

（5）单相电能表的错误接线一般有："相、零对调"、"将电流线圈接反"等，其中"相、零对调"时如果用户不将负载的一端接地，也不会影响电能表的正确计量。但是如果用户将负载的一端接地，电能表就会不计或少计电能。将"电流线圈接反"，电能表会反转。

三、实验设备

序　号	名　　称	型号与规格	数　量
1	电能表	1.5（6）A	1
2	单相功率表		1
3	交流电压表	0～500 V	1
4	交流电流表	0～5 A	1
5	自耦调压器		1
7	三相灯组负载	220 V，15 W 或 25 W	9
8	秒表		1

四、实验电路

图 4-6-1 所示为单相电能表的校验电路。

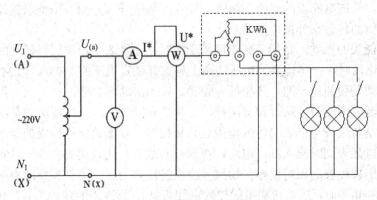

图 4-6-1　单相电能表的校验电路

五、实验步骤

1．用功率表—秒表法校验电能表的准确度

（1）按图 4-6-1 所示电路接线，检查三相调压器的输出是否在"零"位（即逆时针旋到底）。

（2）经指导教师检查后开启电源，调节调压器的输出，使电压表读数为 220 V。

（3）测量铝盘转 20 转所需要的时间，为了准确起见，重复测量三次，将功率表的读数、转数、测得的时间、电能表常数和准确度一并记录于表 4-6-1 中。

（4）测量完毕，将调压器回归零位，关掉电源。

表 4-6-1

次　数	记录数据					计　算　值		
	电能表常数 C	准确度	P（kW）	转数 N（转）	实际时间 t（s）	理论时间 T（s）	相对误差 γ	相对误差的平均值
1								
2								
3								

2. 将电能表的电流线圈接反

将电能表的 1、2 端子上的接线对调，重新启动电源，调节调压器输出电压为 220 V，观察铝盘的转动情况。

3. 检查电能表的潜动是否合格

断开电能表的电流线圈回路，调节调压器的输出电压为额定电压的 110%（即 242 V），仔细观察电能表的转盘有否转动。一般允许有缓慢地转动。若转动不超过一圈即停止，则该电能表的潜动为合格，反之则为不合格。

实验前应使电能表转盘的着色标记处于可看见的位置。由于"潜动"非常缓慢，要观察正常的电能表"潜动"是否超过一圈，需要一小时以上。

六、注意事项

（1）本实验台配有一只电能表，实验时，将电能表挂在相应位置。

（2）记录时，同组同学要密切配合，以便读取转数和秒表的时间步调要一致，以确保测量的准确性。

（3）实验中用到 220 V 电压，操作时应遵守安全操作规则。凡需改动接线，必须切断电源，接好线检查无误后方能通电。

七、思考题

（1）单相电能表有什么构成？各部件的作用是什么？
（2）单相电能表的校验方法有哪些？
（3）电能表有哪些错误接线，它们会造成什么后果？

八、实验报告

（1）完成表中的数据计算。
（2）在实验中，将电能表的 1、2 端子上的接线对调后会出现什么现象？
（3）你所校验的电能表有潜动吗？

实验七　常用元器件的识别与检测

一、实验目的

（1）学会识别电阻器、电容器、二极管、三极管的常见类型、外观和相关标识。
（2）掌握使用万用表判别电阻器、电容器、二极管、三极管的一般方法。

二、实验主要仪器设备

（1）万用表 1 只。
（2）不同类型的电阻器、电容器、二极管、三极管有若干只。

三、实验原理及相关知识

1. 电阻器

电阻器通常简称为电阻，它在电子产品中是一种必不可少的、用得最多的元件，在电路中起着稳定或调节电流、电压的作用。

（1）电阻器的分类、外形和符号

在电路中，电阻器常用 R 表示。电阻器的种类很多，形状各异，额定功率也各不相同，通常分为普通电阻器、熔断电阻器、压敏电阻器、热敏电阻器、水泥电阻器、可变电阻器、电位器。它们的外形及符号如图 4-7-1 和图 4-7-2 所示。

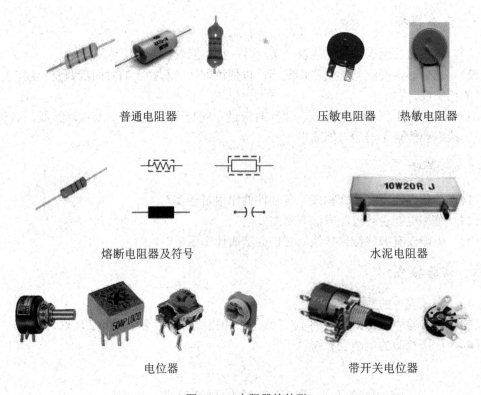

图 4-7-1　电阻器的外形

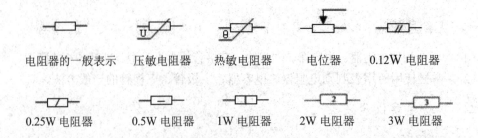

图 4-7-2　电阻器的符号

（2） 电阻器的标识方法

电阻器的标称电阻值和偏差通常都标在电阻器件上，标志方法有以下几种。

① 直标法。

直标法是用数字和文字符号在电阻器上直接标出主要参数的标志方法，其允许偏差则用百分数表示，若电阻器上未注偏差，则均为±20%，如图 4-7-3 所示。

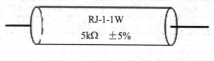

图 4-7-3　直标法

RJ：型号（金属膜电阻器）；

1：类型；

1 W：功率；

5.1 kΩ：电阻值；

±5%：精度（误差）。

② 文字符号法。

文字符号法是用数字和文字符号或两者有规律的组合，在电阻器上标出主要参数的标志方法。符号前面的数字表示整数值，后面的数字依次表示第一位小数值和第二位小数值，如图 4-7-4 所示。

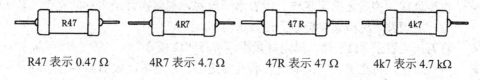

R47 表示 0.47 Ω　　4R7 表示 4.7 Ω　　47R 表示 47 Ω　　4k7 表示 4.7 kΩ

图 4-7-4　文字符号法

③ 色标法。

色标法是指用不同颜色的色环，按照它们的颜色和排列顺序在电阻器上标志出主要参数的标志方法。

常用的有 4 色环电阻器和 5 色环电阻器，其中 4 色环电阻器是用 3 个色环来表示电阻值（前二环代表有效值，第 3 环代表乘上 10 的次方数），用 1 个色环来表示误差。5 色环电阻器一般是金属膜电阻器，为更好地表示精度，用 4 个色环来表示电阻值（前三环代表有效值，第 4 环代表乘上 10 的次方数），用 1 个色环来表示误差。

图 4-7-5 所示为 4 色环和 5 色环电阻器表示法举例，表 4-7-1 是电阻器色标符号意义。

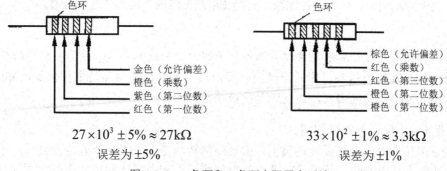

$27 \times 10^3 \pm 5\% \approx 27\text{k}\Omega$　　　　$33 \times 10^2 \pm 1\% \approx 3.3\text{k}\Omega$

误差为 ±5%　　　　　　　　　误差为 ±1%

图 4-7-5　4 色环和 5 色环电阻器表示法

表 4-7-1　电阻器色标符号意义

颜　　色	棕	红	橙	黄	绿	蓝	紫	灰	白	黑	金	银	无色
有效数字	1	2	3	4	5	6	7	8	9	0	−1	−2	—
倍乘数	10^1	10^2	10^3	10^4	10^5	10^6	10^7	10^8	10^9	10^0	10^{-1}	10^{-3}	—
允许误差（%）	±1	±2			±.5	±.25	±.1		+50		±5	±10	±20

④ 数码表示法。

数码表示法是在电阻器上用三位数码表示标称值的标志方法。数码从左至右，第一、二位为有效值，第三位为乘数，即零的个数，单位为 Ω。例如：

100 表示电阻值为 $10×10^0=10\ \Omega$；

102 表示电阻值为 $10×10^2=1\ k\Omega$；

103 表示电阻值为 $10×10^3=10\ k\Omega$；

105 表示电阻值为 $10×10^5=1\ M\Omega$。

（3）电阻器的检测

① 固定电阻器的检测。

- 连接表笔，将红表笔插入"+"插口，黑色表笔插入"*"插口；
- 机械调零，测量之前应将该万用表水平放置，观察指针是否指向零位，若不在零位，应调整"机械调零旋钮"使其指向零；
- 将万用表置于"Ω"挡，确定好量程，进行"Ω 校零"；
- 测量过程，将红黑表笔接触电阻器两端便可进行测量，如图 4-7-6 所示；

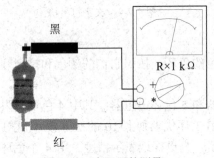

图 4-7-6　电阻器的测量

- 读取数值，将"Ω 刻度线"上的读数×量程数，就是该被测电阻器的电阻值；
- 将所测结果与标称值进行比较，只要在偏差范围内，即为合格电阻器。

注意：

为了提高测量精度，应根据被测电阻标称值的大小来选择量程。由于电阻挡的非线性，它的中间一段分度较为精细，因此应使指针指示值尽可能落到刻度的中段位置，即全刻度起始的 20%～80% 弧度范围内，以使测量更准确。

② 带开关电位器的质量判别。

在检查电位器时，首先要转动旋柄，检查旋柄转动是否平滑，开关是否灵活，开关通、断时"喀达"声是否清脆，并听一听电位器内部接触点和电阻体摩擦的声音，如有"沙沙"

声，说明质量不好。用万用表测试时，可从下面几处着手。

- 电位器的标称电阻值的测量。用万用表的欧姆挡测"1"、"3"两端，其读数应为电位器的标称值，如图 4-7-7（a）所示。如万用表的指针不动或电阻值相差很多，则表明该电位器已损坏。
- 检查电位器的活动臂与电阻片的接触是否良好。用万用表的欧姆挡测"1"、"2"（或"2"、"3"）两端，如图 4-7-7（b）所示。将电位器的转轴按逆时针方向旋至接近"关"的位置（注意：这时电阻值越小越好，否则音量将会"关不死"。即电位器旋至音量最小处，但仍有声音输出），再徐徐旋转轴柄，电阻值应逐渐增大，表头中的指针应平稳移动，旋至极端位置"3"时，电阻值应接近电位器的标称值。如表头中的指针在电位器的轴柄转动过程中有跳动现象，说明可变触点接触不良。如果将这种电位器用于收音机的音量控制，会出现噪声。机器受震动时，也会出现"喀喀"声。

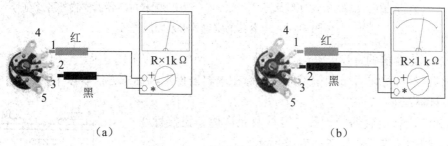

（a）　　　　　　　　　　　　（b）

图 4-7-7　判别电位器的质量

2. 电容器

电容器简称电容，常用 C 表示。它是由两个导体及它们之间的介质组成，在电路中用于隔直流或旁路信号、耦合信号等。

（1）电容器的分类、外形和符号。

电容器按电容量是否可调分为固定电容器和可变电容器两大类。固定电容器是指其电容量固定、不能调整的电容器。可变电容器是指其电容量可在一定范围内改变的电容器。其实物外形如图 4-7-8 所示。

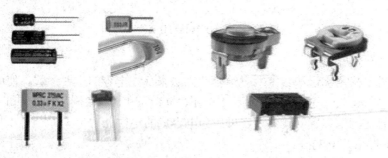

（a）固定电容器　　　　　　（b）可变电容器

图 4-7-8　电容器的实物外形

固定电容器如按其是否有极性来分，可分无极电容器和有极电容器两大类，它们在电路中的符号稍有差别。由于有极性电容器的两条引线，分别引出电容器的正极和负极，因此在电路中不能接错，在电路符号中也有明确的标志。常见电容器的实物外形及相应符号如图图 4-7-9 所示。

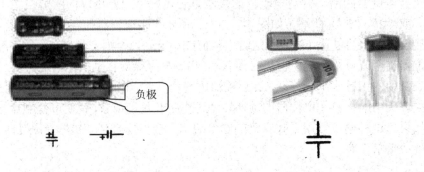

（a）有极电容器的实物外形及符号　　（b）无极电容器的实物外形及符号

图 4-7-9　电容器的实物外形及相应符号

（2）　电容器的标识方法

电容器的标称电容量和偏差通常都标在电容器件上，标志方法有以下几种。

① 直标法。

直标法是将电容器的标称电容量及允许偏差直接标在电容器上的标志方法。如图 4-7-10 所示。

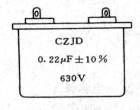

CZJD，为型号；

0.22 μF，为标称容量；

±10%，为允许偏差值；

630 V，为额定直流工作电压。

图 4-7-10　直标法

注意：

电容器的标称电容量及允许误差的基本含义同电阻器一样，只是使用单位（电容量）与电阻值不同。电容量的基本单位用 F（法拉）。常用 mF（毫法）、μF（微法）、nF（纳法）和 pF（皮法），它们之间的关系如下：

$$1F=10^3mF=10^6 \mu F=10^9nF=10^{12}pF$$

② 文字符号法。

文字符号法采用字母和数字两者结合的方法来标注电容的主要参数。使用的标注字母有 4 个，即 p、n、μ、m，分别表示 pF、nF、μF、mF，用 2～4 个数字和一个字母表示电容量，字母前为电容量的整数，字母后为电容量的小数。

例如：p33 表示 0.33pF；

2p2 表示 2.2pF；

3n9 表示 3.9nF。

③ 色标法：电容器色标法采用颜色的规定与电阻器色标法的标定相同。

④ 数码表示法。

电容器的数码表示法与电阻的相同，但电容数码表示法中，第三位数中"9"表示 10^{-1}。

例如：103 表示电容量为 10×10^3 pF $=10000$ pF $=0.001$ μF；

104 表示电容量为 10×10^4 pF $=100000$ pF $=0.01$ μF；

203 表示电容量为 20×10^3 pF $=20000$ pF $=0.02$ μF；

229 表示电容量为 22×10^{-1} pF$=2.2$ pF。

注意：

1 万 pF 以上用微法做单位，1 万 pF 以下用皮法做单位，pF 为最小标注单位，在标注时常直接标出数值，而不写单位。

数码表示法与直标法对于初学者来讲，比较容易混淆，其区别方法为：一般来说直标法的第三位一般为 0，而数码表示法第三位则不为 0。

电容器的误差一般用字母表示。含义是：C 为 $\pm 0.25\%$，D 为 $\pm 0.5\%$，F 为 $\pm 1\%$，J 为 $\pm 5\%$，K 为 $\pm 10\%$，M 为 $\pm 20\%$。

电容器的耐压有低压和中高压两种，低压为 200V 以下，一般有 16 V、50 V、100 V 等，中高压一般有 160 V、200 V、250 V、400 V、500 V、1000 V。

（3）电容器的检测。

在电路中电容器与电阻器相比，在检测、修配等方面有着很大的不同，电容器的故障率比电阻器高，检测也复杂一些。

① 0.01 μF 以上无极性电容器的检测。

对于 0.01 μF 以上的电容器，可用万用表"R×10 k"挡直接测试电容器有无充电过程以及有无内部短路或漏电，并可根据指针向右摆动的幅度大小估计出电容器的电容量。测试操作时，先用两表笔任意触碰电容量的两引脚，然后调换表笔再触碰一次，如果电容器是好的，万用表指针会向右摆动一下，随即向左迅速返回无穷大位置。电容量越大，指针摆动幅度越大。如果反复调换表笔碰触电容器两引脚，万用表指针始终不向右摆动，说明该电容器的电容量已低于 0.01 μF 或已经消失。测量中，若指针向右摆动后不能再向左回到无穷大位置，说明电容器漏电或已经击穿短路。

② 电解电容器的检测。

电解电容器的电容量较一般无极性电容器大得多，所以，测量时应针对不同电容量选用合适的量程。根据经验，一般情况下，1～47 μF 间的电容器可用"R×1 k"挡测量，大于 47 μF 的电容器可用"R×100"挡测量。

● 测量漏电阻值。

万用表红表笔接触电解电容器的负极，黑表笔接触正极，在刚接触的瞬间，万用表指针即向右偏转较大幅度（对于同一电阻挡，电容量越大，摆幅越大），接着逐渐向左回转，直到停在某一位置。此时的电阻值便是电解电容器的正向漏电阻值。此值越大，说明漏电流越小，电容性能越好。然后，将红、黑表笔对调，万用表指针将重复上述摆动现象。但此时所测电阻值为电解电容器的反向漏电阻值，此值略小于正向漏电阻值。即反向漏电流比正向漏电流要大。实际使用经验表明，电解电容器的漏电阻值一般应在几百千欧以上，否则，将不能正常工作。在测试中，若正向、反向均无充电的现象，即表针不动，则说明电容量消失或内部断路；如果所测电阻值很小或为零，说明电容器漏电大或已击穿损坏，不能再使用。

- 极性的判别。

对于正、负极标志不明的电解电容器，可利用上述测量漏电阻值的方法加以判别。即先任意测一下漏电阻值，记住其大小，然后交换表笔再测出一个电阻值。两次测量中电阻值大的那一次便是正向接法，即黑表笔接的是正极，红表笔接的是负极。如图 4-7-11 所示。

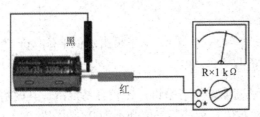

图 4-7-11　电容器极性的判别

3. 晶体二极管

半导体二极管是电子技术中最基本的半导体器件之一，具有单向导电特性，用在整流、检波及各种稳压电源、数字电路、控制电路和晶闸管电路中。

（1）二极管的分类、外形和符号。

二极管分为检波二极管、开关二极管、稳压二极管和整流二极管等。其外形及电路符号如图 4-7-12 所示。

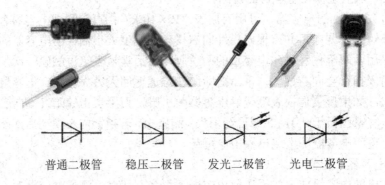

普通二极管　　稳压二极管　　发光二极管　　光电二极管

图 4-7-12　二极管的外形及电路符号

（2）二极管引脚极性的识别与检测

① 二极管的管脚识别。普通二极管外壳上均印有型号和标记。标记方法有色环、色点、箭头 3 种，箭头所指方向或靠近色环的一端为二极管的负极。若标记脱落，可用万用表的电阻挡进行判别。还有的二极管其管壳是透明玻璃管，则可看到连接触丝的一端为正极。

② 二极管的检测。检测的主要原理是根据二极管的单向导电性，其反向电阻值远大于正向电阻值，具体测量过程如下。

将万用表拨到"R×100"或"R×1k"挡，此时万用表（指针式）的红表笔接触的是表内电池的负极，黑表笔接触的是表内电池的正极。因此当黑表笔接触二极管的正极、红表笔接触负极时为正向连接。

③ 判别极性。将万用表的红、黑表笔分别接触二极管两端，如图 4-7-13（a）所示，若测得电阻值比较小（几 kΩ以下），再将红、黑表笔对调后连接在二极管两端，如图 4-7-13（b）所示，而测得的电阻值比较大（几百 kΩ），说明二极管具有单向导电性，质量良好。测得电阻值小的那一次黑表笔接触的是二极管的正极。

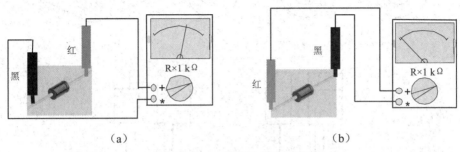

（a）   （b）

图 4-7-13　二极管的极性判别

④ 检查管子的好坏。如果测得二极管的正、反向电阻值都很小，甚至为零，表示管子内部已短路；如果测得二极管的正、反向电阻值都很大，则表示管子内部已断路（开路）。

4.　晶体三极管

晶体三极管是指对信号有放大作用或开关作用，具有三个电极的半导体器件，是电子设备中的核心器件之一，其外形及符号如图 4-7-14 所示。

（1）　三极管的分类、外形和符号

① 按材料分有锗三极管、硅三极管等；

② 按照极性的不同可分为 NPN 型三极管和 PNP 型三极管；

③ 按功率不同可分为大功率三极管、小功率三极管、高频三极管、低频三极管、光电三极管；

④ 按用途不同可分为普通三极管、带阻尼三极管、带阻三极管、达林顿三极管、光敏三极管等；

⑤ 按封装的材料不同可分为金属封装三极管、塑料封装三极管、玻璃壳封装晶体管、表面封装晶体管和陶瓷封装晶体管。

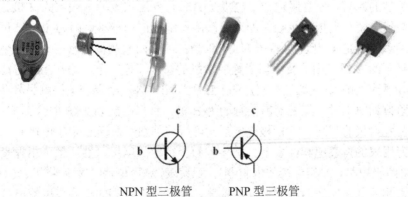

NPN 型三极管   PNP 型三极管

图 4-7-14　三极管的外形及符号

（2） 三极管引脚极性的识别与检测

半导体三极管管脚排列的方式因管壳形状不同而不同，如图 4-7-15 所示。

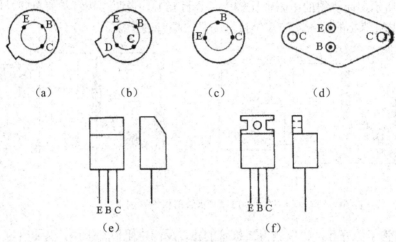

图 4-7-15 三极管的引脚排列

① 金属壳三极管的管脚识别。

对于图 4-7-15（a）、（b）所示图中，观察者面对管底，由定位标志起，按顺时针方向，引出线（管脚）依次为发射极 E、基极 B、集电极 C、接地线 D。

对于图 4-7-15（c），观察者面对管底，令带引出线的半圆位于上方，按顺时针方向，引出线依次为发射极 E、基极 B、集电极 C。

对于图 4-7-15（d），金属壳封装大功率三极管识别时应将电极朝向自己，且将距离电极较远的管壳一端向下，则左端电极为基极 B，右端电极为发射极 E，管壳为集电极 C。

② 塑料封装三极管的管脚识别对于图 4-7-15（e），观察者面对切角面，引出线向下，由左往右依次为发射极 E、基极 B、集电极 C。

对于图 4-7-15（f），观察者面对管子正面（字符打印面）散热片为管背面，引出线向下，由左往右依次为发射极 E、基极 B、集电极 C。

③ 三极管的检测。将万用表置于"R×100"或"R×1k"挡来进行测量。

基极和管型的判断。任意假定一个电极是 B 极，并用黑表笔与假定的 B 极相接触，用红表笔分别与另个两个电极相接触，如果两次测得电阻值均很小，即为 PN 结正向电阻，则黑表笔所接触的就是 B 极，且管子为 NPN 型；如果两次测得电阻值一大一小，则假设的电极不是真正的 B 极，则需要将黑表笔所接触的管脚调换一下，再按上述方法测试。

若为 PNP 型管则应用红表笔与假定的"B 极"相接触，用黑表笔接触另外两个电极。两次测得电阻值均很小时，红表笔所接触的为 B 极，且可确定为 PNP 型管。

集电极和发射极的判断。当 B 极确定后，可接着判别发射极 E 和集电极 C。若是 NPN 型管，可将万用表的黑表笔和红表笔分别接触两个待定的电极，然后用手指捏紧黑表笔和 B 极（不能将两极短路，即相当接一电阻器），观察表针摆动幅度，然后将黑、红表笔对调，按上述方法重测一次。比较两次表针摆动幅度，摆动幅度较大的一次黑表笔所接触的管脚为 C 极，红表笔所接为 E 极。若为 PNP 型管，上述方法中将黑、红表笔对调测定即可。

④ 检查管子的好坏。若以上操作中无一电极满足上述现象，则说明管子已坏。也可用

万用表的 h_{FE} 挡进行判断，当管型确定后，将三极管插入"NPN"或"PNP"插孔，将万用表置于 h_{FE} 挡，若 h_{FE}（β）值不正常（如为 0 或大于 300），则说明管子已坏。

四、实验内容及步骤

1. 电阻器标称电阻值的辨识以及实际电阻值的测量

（1）电阻器色环的识别。

取出不同电阻值的色环电阻器若干只，学生之间互相交换，反复练习识别速度。

（2）用万用表测量电阻值

选用不同电阻值的电阻器若干个，通过万用表测量，要求达到测量快速、准确，区分正确。

（3）用万用表测量电位器

① 测量两固定端间的电阻值。

② 测中间滑动片与固定端间的电阻值，旋转电位器，观察电阻值的变化情况。

（4）将识别、测量结果填入表 4-7-2 中。

表 4-7-2　电阻器的识别与检测

序 列 号	电阻标注色环颜色 （按色环顺序）	标称电阻值及误差 （由色环写出）	测量电阻值（万用表）
1			
2			
3			
4			
5			
6			
7			
8			
测量电位器	固定端之间电阻值	电阻值变动	电阻值突变	指针跳动
1				
2				
3				
识别、测试中出现的问题				

2. 电容器类型、极性识别以及漏电阻值的检测

（1）选用不同标称值的电容器若干，由学生反复判别电容器的电容量并注明全称。

（2）记录识别，测量结果填入表 4-7-3 中。

表 4-7-3　电解电容器的识别及漏电阻值的检测

序 列 号	标称电容量	万用表挡位	实测漏电阻值
1			
2			
3			
4			
识别、测试中出现的问题			

3. 二极管极性与性能判断

（1） 用万有表判别二极管的极性。

（2） 万用表分别置"R×100"、"R×1k"挡，观察二极管的正反向电阻值变化情况及管子质量的好坏。

（3） 将识别、测量结果填入表4-7-4中。

表4-7-4 二极管极性与性能判断

序 列 号	型号标注	万用表挡位				质量判别（优/劣）
		"R×100"		"R×1k"		
		正向电阻值	反向电阻值	正向电阻值	反向电阻值	
1						
2						
3						
4						
识别、测试中出现的问题						

4. 三极管类型与性能检测

（1） 任选PNP型、NPN型三极管若干，由学生用万用表判别各管的管型及管脚。

（2） β的测量，由学生用万用表"h_{FE}"挡，测量各管的β值，并按序号做好记录。

（3） 将识别、测量结果填入表4-7-5中

表4-7-5 三极管类型与性能检测

序 列 号	标注型号与类型（NPN型或PNP型）	b-e间电阻值	e-b间电阻值	b-c间电阻值	c-b间电阻值	β值	质量判别（优/劣）
1							
2							
3							
4							
识别、测试中出现的问题							

五、实验报告要求

（1） 列表整理测量结果，分析产生误差原因；

（2） 总结用万用表检测电阻器、电容器、二极管、三极管的一般方法。

实验八　组合逻辑电路的设计与测试

一、实验目的

（1） 掌握组合电路的一般设计方法；

（2） 根据给定实际逻辑要求，设计出最简单的逻辑电路图；

（3） 掌握半加器、全加器逻辑功能，并用元器件实现之。

二、实验主要仪器设备

（1） 数字电子实验台（DZX-3 型）。
（2） 74LS20、74LS00、74LS86 各一块。
（3） 导线若干。

三、实验原理及相关知识

数字系统中常用的各种数字部件，就其结构和工作原理而言可分为两大类，即组合逻辑电路和时序逻辑电路。组合逻辑电路输出状态只决定于同一时刻的各输入状态的组合，与先前状态无关，它的基本单元一般是逻辑门。时序逻辑电路输出状态不仅与输入变量的状态有关，而且还与系统原先的状态有关，它的基本单元一般是触发器。

组合逻辑电路的设计步骤一般为：
（1） 根据实际问题的逻辑关系建立真值表；
（2） 由真值表写出逻辑函数表达式；
（3） 化简逻辑函数式；
（4） 根据逻辑函数式画出由门电路组成的逻辑电路图，并选用元器件。常见逻辑电路设计步骤如图 4-8-1 所示。

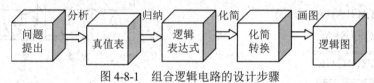

图 4-8-1　组合逻辑电路的设计步骤

逻辑化简是组合逻辑设计的关键步骤之一。为了使电路结构简单和使用元器件较少，往往要求逻辑表达式尽可能化简。由于实际使用时要考虑电路的工作速度和稳定可靠等因素，在较复杂的电路中，还要求逻辑清晰易懂，所以最简设计不一定是最佳的。但一般来说，在保证工作速度稳定可靠与逻辑清楚的前提下，尽量使用最少的器件，以降低成本。

四、实验内容及步骤

1. 设计实现三变量表决电路，要求多数人赞成则提案通过

（1） 选用芯片 74LS00 和 74LS20。图 4-8-2 所示为与非门 74LS00 和 74LS20 芯片的管脚图。

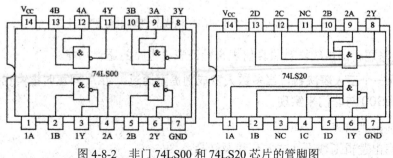

图 4-8-2　非门 74LS00 和 74LS20 芯片的管脚图

（2）设计步骤。

① 根据题意列出表决电路真值表如表 4-8-1。

表 4-8-1 表决电路真值表

输　　　入			输　　　出
A	B	C	Y
0	0	0	0
0	0	1	0
0	1	0	0
0	1	1	1
1	0	0	0
1	0	1	1
1	1	0	1
1	1	1	1

② 由公式化简法或卡诺图化简法得出最简逻辑表达式，并将演化成"与非"的形式，如图 4-8-3 所示。

$$Y=\overline{A}BC+A\overline{B}C+AB\overline{C}+ABC$$
$$=\overline{A}BC+A\overline{B}C+AB$$
$$=B(\overline{A}C+A)+A(\overline{B}C+B)$$
$$=BC+AB+AC$$
$$=\overline{\overline{AB+AC+BC}}$$
$$=\overline{\overline{AB}\cdot\overline{AC}\cdot\overline{BC}}$$

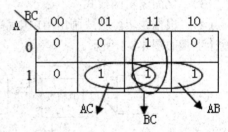

图 4-8-3 "与非"形式电路图

③ 根据逻辑表达式画出用"与非门"构成的逻辑电路图如图 4-8-4 所示。

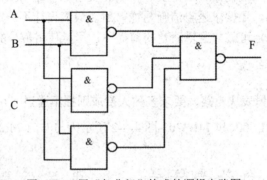

图 4-8-4 用"与非门"构成的逻辑电路图

④ 按电路逻辑图接线，对照真值表来验证表决电路的逻辑功能。

2. 设计一个三人表决器，当多数人赞成则提案通过，当 A 同意时提案也通过，要求选用芯片 74LS00 与非门来实现。

（1）列出真值表；

（2）写出逻辑函数表达式并化简及转换；

（3） 根据化简的逻辑表达式画出逻辑电路图；

（4） 根据自己画的逻辑电路图接线，然后对照自列的真值表来验证表决电路的逻辑功能是否正确。

五、实验报告

（1） 根据题意要求写出设计过程，并画出设计的逻辑电路图和功能测试接线图。

（2） 对所设计的电路进行实验测试，记录测试结果，并分析实验结果与理论是否相符。

（3） 总结组合电路设计体会。

六、思考题

设计一位全加器（选用芯片 74LS86、74LS00 和 74LS20）实现。

实验九　数据选择器的识别及功能测试

一、实验目的

（1） 掌握常用数据选择器 74LS151、74LS153 的逻辑功能测试。
（2） 学习掌握数据选择器实现组合逻辑电路的方法。

二、实验主要仪器设备

（1） 数字电路实验板 1 块（DZX-3 型），直流稳压电源（+5 V）。
（2） 74LS153、74LS151 各 1 片。
（3） 导线若干。

三、实验原理及相关知识

在数字信号的传输过程中，有时需要从一组输入数据中选出某一个来，这时就要用到一种称为数据选择器或多路开关的逻辑电路。所以数据选择器又称多路选择器。

集成数据选择器的规格品种很多，如 74LS153、CD4539 等双 4 选 1 数据选择器；74LS151、74LS152、CD4512 等 8 选 1 数据选择器；还有 16 选 1 数据选择器 74LS150 等。这里介绍双 4 选 1 数据选择器 74LS153 和 8 选 1 数据选择器 74LS151。

（1） 4 选 1 数据选择器 74LS153 的引脚排列如图 4-9-1 所示，其真值表如表 4-9-1 所列。

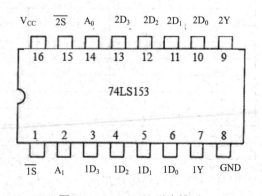

图 4-9-1　74LS153 引脚排列

表 4-9-1   4 选 1 数据选择器 74LS153 真值表

输　入					输　出
数据信号	地址信号			使能端	
D	A_2	A_1	A_0	$\bar{S}$	Y
×	×	×	×	1	0
D_0	0	0	0	0	D_0
D_1	0	0	1	0	D_1
D_2	0	1	0	0	D_2
D_3	0	1	1	0	D_3

74LS153 引脚功能介绍：

① 从引脚排列图 4-9-1 中可以看出，74LS153 是包含有两个完全相同的 4 选 1 数据选择器，两个数据选择器有公共的地址输入端 A_1、A_0，而 4 个数据输入端（分两组 $1D_3 \sim 1D_0$ 和 $2D_3 \sim 2D_0$）及输出端（分两组 1Y 和 2Y）是各自独立的；两个 $1\bar{S}$ 和 $2\bar{S}$ 分别为（两组）数据选择器的使能控制端。

② 当使能端 $1\bar{S}$=1 时，第 1 组数据选择器被禁止工作；当 $1\bar{S}$=0 时，第 1 组数据选择器工作。

③ 当使能端 $2\bar{S}$=1 时，第 2 组数据选择器被禁止工作；当 $2\bar{S}$=0 时，第 2 组数据选择器工作。

④ 当 $\bar{S}$=0 时，数据选择器正常工作。根据地址码 A_1、A_0 的状态选择 $D_0 \sim D_3$ 中某一个通道的数据输送到输出端 Y。

（2）8 选 1 数据选择器 74LS151 的引脚排列如图 4-9-2 所示，其真值表如表 4-9-2 所列。

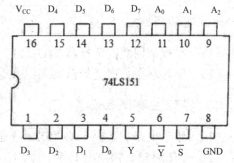

图 4-9-2   74LS151 的引脚排列

表 4-9-2   8 选 1 数据选择器 74LS151 真值表

输　入					输　出	
数据信号	地址信号			使能端		
D	A_2	A_1	A_0	$\bar{S}$	Y	$\bar{Y}$
×	×	×	×	1	0	1
D_0	0	0	0	0	D_0	$\overline{D_0}$
D_1	0	0	1	0	D_1	$\overline{D_1}$
D_2	0	1	0	0	D_2	$\overline{D_2}$
D_3	0	1	1	0	D_3	$\overline{D_3}$
D_4	1	0	0	0	D_4	$\overline{D_4}$
D_5	1	0	1	0	D_5	$\overline{D_5}$
D_6	1	1	0	0	D_6	$\overline{D_6}$
D_7	1	1	1	0	D_7	$\overline{D_7}$

74LS151 引脚功能介绍：

① 74LS151 芯片有 8 个数据（信号）输入端 $D_7 \sim D_0$，3 个地址输入端 A_2、A_1、A_0，两

个互补的输出端 Y 和 $\overline{Y}$，一个使能控制端 $\overline{S}$。

② 当使能端 $\overline{S}=1$ 时，数据选择器被禁止工作。

③ 当 $\overline{S}=0$ 时，数据选择器正常工作。根据地址码 A_2、A_1、A_0 的状态选择 $D_0 \sim D_7$ 中某一个通道的数据输送到输出端 Y。

四、实验内容及步骤

1. 4 选 1 数据选择器 74LS153 的逻辑功能测试

（1） 将+5 V 电压接到芯片引脚⑯上，将电源的地接到芯片的引脚 8 上。

（2） 将数据选择器 74LS153 的 4 个数据输入端 $D_0 \sim D_7$（两组）、2 个地址输入端 A_1、A_0 和 $\overline{S}$ 分别用导线接到实验板的十六位逻辑电平输出开关上。

（3） 将数据选择器的输出 Y（两组）分别用导线接到实验板的十六位逻辑电平输入 LED 指示灯上。按图 4-9-3 所示电路接线。

（4） 使能端 $\overline{S}$ 功能测试。设定使能端 $\overline{S}=1$，任意改变 A_1、A_0 和 $D_3 \sim D_0$ 的状态，观察输出端 Y 的结果并记录于表 4-9-3 中。

（5） 逻辑功能测试。设定使能端 $\overline{S}=0$，此时数据选择器开始工作。当 A_1A_0 为 00 时，则选择 D_0 数据到输出端，即 $Y=D_0$；当 A_1A_0 为 01 时，则选择 D_1 数据到输出端，即 $Y=D_1$；当 A_1A_0 为 10 时，$Y=D_2$；依次类推，当 A_1A_0 为 11 时，$Y=D_3$。

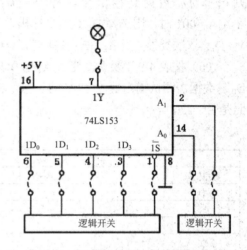

图 4-9-3　74LS153 的逻辑功能测试电路

（6） 按表 4-9-3 要求改变 A_1A_0 和 $D_3 \sim D_0$ 的数据，测试输出端 Y 的状态，将测试结果记入表 4-9-3 中。然后与表 4-9-1 相对照是否一致。

表 4-9-3

输　　入						输　　出	
数据信号		地址信号			使能端		
D		A_2	A_1	A_0	$\overline{S}$	1Y	2Y
×	×	×	×	×	1		
$1D_0$	$2D_0$	0	0	0	0		
$1D_1$	$2D_1$	0	0	1	0		
$1D_2$	$2D_2$	0	1	0	0		
$1D_3$	$2D_3$	0	1	1	0		

2. 8 选 1 数据选择器 74LS151 的逻辑功能测试

（1） 将+5 V 电压接到芯片引脚⑯上，将电源的地接到芯片的引脚⑧上。

（2） 将数据选择器 74LS151 的 8 个数据输入端 $D_7 \sim D_0$、3 个地址输入端 $A_2 \sim A_0$ 分别

用导线接到实验板的十六位逻辑电平开输出开关上。

（3）将数据选择器两个互补的输出端 Y 和 $\overline{Y}$ 分别用跳线接到实验板的十六位逻辑电平输入 LED 指示灯上。按图 4-9-4 所示电路接线。

（4）使能端功能测试。设定使能端 $\overline{S}$=1，任意改变 A_2、A_1、A_0 和 $D_7 \sim D_0$ 的状态，观察输出端 Y、$\overline{Y}$ 的结果并记录于表 4-9-4 中。

（5）逻辑功能测试。设定使能端 $\overline{S}$=0，此时数据选择器开始工作。当 $A_2A_1A_0$=000 时，则选择 D_0 数据到输出端，即 Y=D_0；当 $A_2A_1A_0$=001 时，则选择 D_1 数据到输出端，即 Y=D_1；依次类推，当 $A_2A_1A_0$=111 时，Y=D_7。

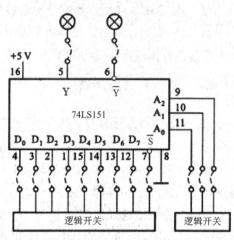

图 4-9-4　74LS151 的逻辑功能测试电路

（6）按表 4-9-4 要求改变 $A_2A_1A_0$ 和 $D_7 \sim D_0$ 的数据，测试输出端 Y 和 $\overline{Y}$ 的状态，将测试结果记入表 4-9-4 中。然后与表 4-9-2 相对照是否一致。

表 4-9-4

输入					输出	
数据信号	地址信号			使能端		
D	A_1	A_2	A_3	$\overline{S}$	Y	$\overline{Y}$
×	×	×	×	1		
D_0	0	0	0	0		
D_1	0	0	1	0		
D_2	0	1	0	0		
D_3	0	1	1	0		
D_4	1	0	0	0		
D_5	1	0	1	0		
D_6	1	1	0	0		
D_7	1	1	1	0		

3. 数据选择器的应用

例 1：采用 8 选 1 数据选择器 74LS151 设计三输入多数表决电路。

设计要求：当 A、B、C 三个输入中有两个或者两个以上为 1 时，输出为 1，否则输出为 0；

解：① 列出功能表并写出逻辑表达式并化简；

② 根据表达式画出逻辑电路图；

③ 按逻辑电路图接线，测试电路功能。

根据题意作出函数 Y 的功能表，如表 4-9-5 所示，将函数 Y 功能表与 8 选 1 数据选择器的功能表相比较，可知：

① 将输入变为 A、B、C 作为 8 选 1 数据选择器的地址码 A_2、A_1、A_0。

② 使 8 选 1 数据选择器的各数据输入 $D_0 \sim D_7$ 分别与函数 Y 的输出值一一相对应。

$$Y=（\overline{A_2}\ \overline{A_1}\ \overline{A_0}\ \overline{D_0}+\overline{A_2}\ \overline{A_1}\ A_0\ \overline{D_1}+\overline{A_2}\ A_1\ \overline{A_0}\ \overline{D_2}+\overline{A_2}\ A_1\ A_0\ \overline{D_3}$$

$$+A_2\ \overline{A_1}\ \overline{A_0}\ \overline{D_4}+A_2\ \overline{A_1}\ A_0\ \overline{D_5}+A_2\ A_1\ \overline{A_0}\ \overline{D_6}+A_2\ A_1\ A_0\ \overline{D_7}）$$

即：$A_2A_1A_0=ABC$，　$D_0=D_1=D_2=D_4=0$，　$D_3=D_5=D_6=D_7=1$

则 8 选 1 数据选择器的输出 Q 便实现了函数：

$Y=\overline{A}\,BC+A\overline{B}\,C+AB\overline{C}+ABC$

③ 按接线图 4-9-5 所示电路连接并测试电路功能。

表 4-9-5　功能表

输入			输出
A	B	C	Y
0	0	0	0
0	0	1	0
0	1	0	0
0	1	1	1
1	0	0	0
1	0	1	1
1	1	0	1
1	1	1	1

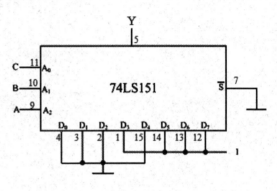

图 4-9-5　74LS151 逻辑功能测试接线图

例 2：用 4 选 1 数据选择器 74LS153 来实现函数 $Y=\overline{A}\,BC+A\overline{B}\,C+AB\overline{C}+ABC$

① 分析并写出设计过程；
② 画出接线图；
③ 验证逻辑功能。
解略。

五、实验报告

（1）用数据选择器对实验内容进行设计，写出设计全过程，画出接线图，进行逻辑功能测试；

（2）总结实验收获、体会。

六、思考题

（1）显示译码器与变量译码器的根本区别在哪里？
（2）如果 LED 数码管是共阳极的，与共阴极数码管的连接形式有何不同？

参 考 文 献

[1] 程周. 电工基础实验. 北京：高等教育出版社，2001.

[2] 林正馨. 电工仪表和测量. 北京：中国电力出版社，1998.

[3] 王灵芝. 电工及测量实验指导书. 北京：中国电力出版社，2010.

[4] 阎石. 数字电子技术基础. 北京：高等教育出版社，1983.

[5] 谢兰清. 电子技术实验与实训. 北京：电子工业出版社，2007.